"十四五"普通高等教育本科规划教材

高等院校工业设计专业系列规划教材

北方民族大学先进装备制造现代产业学院规划教材

产品系统设计
专题、项目、实践

主　编　王彩霞　王　璐　穆春阳

副主编　梁　靓　方立霞　张秦玮

　　　　马　聪　侯　韦

北京大学出版社

PEKING UNIVERSITY PRESS

内 容 简 介

本书对产品系统设计的理论基础、系统要素、系统思维、系统方法等进行了详细阐述。基于产品系统设计课程在工业设计、产品设计专业课程体系中的高阶性和综合性定位，全书设置理论基础、思维方法和实践训练三个模块，包含课程导论、系统设计基础、产品系统及其发展、产品系统要素、系统设计思维、产品系统设计方法、产品系统设计实践 7 章。本书紧密融合现代产品设计的最新趋势，在产品设计系统观理念指导下，重点介绍了系统思维训练工具、系统分析方法、产品服务系统设计、产品整合设计、产品模块化设计、产品系列化设计等内容。此外，本书还增加了产品系统设计专题训练、企业项目实践、服务地方实践案例，供读者参考。

本书提供了较多的案例，图文并茂，增强了内容的生动性和可读性；同时，还配有丰富的视频资源，扫描书中相应位置的二维码，即可在线学习。

本书可作为高等院校工业设计专业、产品设计专业的教材和参考书，也可作为产品设计从业人员和爱好者的参考书。

图书在版编目（CIP）数据

产品系统设计：专题、项目、实践 / 王彩霞，王璐，穆春阳主编. -- 北京：北京大学出版社，2024.12. --（高等院校工业设计专业系列规划教材）. -- ISBN 978-7-301-35778-1

Ⅰ.TB472

中国国家版本馆 CIP 数据核字第 20243S6V14 号

书　　名	产品系统设计：专题、项目、实践 CHANPIN XITONG SHEJI：ZHUANTI、XIANGMU、SHIJIAN
著作责任者	王彩霞　王　璐　穆春阳　主编
策划编辑	童君鑫
责任编辑	童君鑫　郭秋雨
数字编辑	蒙俞材
标准书号	ISBN 978-7-301-35778-1
出版发行	北京大学出版社
地　　址	北京市海淀区成府路 205 号　100871
网　　址	http://www.pup.cn　新浪微博：@北京大学出版社
电子邮箱	编辑部 pup6@pup.cn　总编室 zpup@pup.cn
电　　话	邮购部 010-62752015　发行部 010-62750672　编辑部 010-62750667
印 刷 者	天津中印联印务有限公司
经 销 者	新华书店
	889 毫米×1194 毫米　16 开本　11 印张　330 千字 2024 年 12 月第 1 版　2024 年 12 月第 1 次印刷
定　　价	79.00 元

未经许可，不得以任何方式复制或抄袭本书之部分或全部内容。
版权所有，侵权必究
举报电话：010-62752024　电子邮箱：fd@pup.cn
图书如有印装质量问题，请与出版部联系，电话：010-62756370

前言

系统科学为产品设计领域带来了全新的思维方式和方法论，这种方法论的核心是将产品置于更加广阔的系统背景下进行考量和设计。随着智能化、信息化时代的到来，产品设计的对象发生了巨大的变化，现代产品不仅仅是简单的物理实体，更是融合了服务、体验和数字化内容的综合体。

技术的发展不仅提升了产品的品质，也深刻影响着用户的需求。如今的用户不再仅仅满足于产品的实用功能，他们更加注重产品带来的整体价值和体验。在这一背景下，产品系统设计成了应对产品设计挑战的关键。运用系统设计思维与方法，设计师能更全面地理解产品与其周边环境、用户需求、社会文化等因素之间的复杂关系，为产品设计提供更加深入和准确的指导，进而提升产品的竞争力和用户体验。

基于上述背景，编者编写了本书。本书的编写旨在培养与时俱进的工业设计专业人才，满足国家需求。编者在课程理论体系的基础上扩展和补充了书的内容，整合了现代产品系统所包含的服务、体验等新内容。

本书内容体系的设置是基于编者在高校开展了六轮"产品系统设计"课程教学的经验及以该课程为基础参加国家级、省级教学创新比赛的经验和思考。编者所教授的"产品系统设计"课程是宁夏回族自治区（以下简称"宁夏"）省级线上、线下混合式一流课程。编者以"产品系统设计"课程参加了第九届西浦全国大学教学创新大赛，获得年度教学创新二等奖；参加了"第五届全国高校混合式教学设计创新大赛"，获得二等奖；参加了"第三届宁夏高校教师教学创新大赛"课程思政组，获得二等奖。

本书积极顺应人工智能发展趋势，在附录部分提供了 AI 伴学内容及提示词，引导学生利用生成式人工智能（AI）工具，如 DeepSeek、文心一言、豆包、通义千问、Stable Diffusion、ChatGPT 等来进行拓展学习。

书中引用的案例大多来自课程专题训练、设计竞赛、企业项目实践等教学环节。在此，编者向北方民族大学工业设计专业 2015 级至 2021 级及云南财经大学产品设计专业 2018 级至 2021 级的优秀学子致以诚挚的感谢!

编者编写本书的过程是一个凝练和提升课程教学质量的过程。鉴于编者经验有限,本书的内容和质量有待优化和改进,在此,恳请广大读者批评、指正。

编 者
2024 年 12 月

【资源索引】

目录

第1章　课程导论 /001
1.1　系统无处不在 /002
　　1.1.1　生态系统 /002
　　1.1.2　人体系统 /003
　　1.1.3　智能家居系统 /004
1.2　产品设计系统观 /006
1.3　现代产品设计发展趋势 /008
　　1.3.1　数字化和智能化 /008
　　1.3.2　用户情感化趋势 /009
　　1.3.3　可持续发展和环保 /009
　　1.3.4　人工智能和大数据应用 /010
　　1.3.5　互联网和物联网融合 /010
　　1.3.6　社交化和共享经济 /011
习题 /012

第2章　系统设计基础 /013
2.1　系统科学概述 /014
　　2.1.1　贝塔朗菲与一般系统论 /014
　　2.1.2　钱学森与系统科学 /015
　　2.1.3　乌尔姆设计学院与系统设计方法 /016
2.2　系统的定义 /018
2.3　系统的三要素 /020
　　2.3.1　要素 /020
　　2.3.2　结构 /022
　　2.3.3　功能 /025
2.4　子系统 /028
　　2.4.1　子系统的概念 /028
　　2.4.2　子系统与要素的差异 /030
2.5　系统的属性 /030
　　2.5.1　系统的整体涌现性 /030
　　2.5.2　系统的规模效应 /031
　　2.5.3　系统的结构效应 /031
　　2.5.4　系统的层次性 /032
2.6　系统的特征 /033
　　2.6.1　整体性 /033
　　2.6.2　关联性 /033
　　2.6.3　动态性 /033
　　2.6.4　有序性 /033
　　2.6.5　目的性 /033
习题 /034

第3章　产品系统及其发展 /035
3.1　产品系统 /036
　　3.1.1　工业设计定义的发展 /036

  3.1.2 社会经济形态与产品设计发展 /037
3.2 服务设计 /039
  3.2.1 服务设计概述 /039
  3.2.2 服务设计流程——双钻设计模型 /041
  3.2.3 服务设计的关键要素 /042
  3.2.4 服务设计的原则 /044
3.3 产品服务系统 /045
  3.3.1 产品服务系统概述 /045
  3.3.2 三大类导向的产品服务系统 /046
  3.3.3 产品服务系统设计案例 /047
习题 /053

第 4 章　产品系统要素 /055

4.1 产品系统要素概述 /056
  4.1.1 产品的五个层次 /056
  4.1.2 产品系统的构成 /057
4.2 产品系统要素分析 /058
  4.2.1 功能要素分析 /058
  4.2.2 结构要素分析 /064
  4.2.3 形态要素分析 /070
  4.2.4 CMF 要素分析 /073
  4.2.5 人因要素分析 /076
  4.2.6 SET 要素分析 /079
  4.2.7 环境要素分析 /081
  4.2.8 体验要素分析 /084
习题 /085

第 5 章　系统设计思维 /087

5.1 系统设计思维概述 /088
  5.1.1 系统思维 /088
  5.1.2 系统设计思维 /089
5.2 系统设计思维的表现类型 /091
  5.2.1 关联思维 /091
  5.2.2 动态思维 /093
  5.2.3 场景思维 /095
5.3 系统设计思维训练工具 /097
  5.3.1 移情图 /097
  5.3.2 情绪板 /099
  5.3.3 用户体验地图 /100
  5.3.4 服务蓝图 /103
  5.3.5 服务系统图 /104
  5.3.6 商业模式画布 /104
习题 /106

第 6 章　产品系统设计方法 /107

6.1　系统方法论 /108
  6.1.1　还原论与整体论相结合 /108
  6.1.2　局部描述与整体描述相结合 /109
  6.1.3　系统分析与系统综合相结合 /110
  6.1.4　霍尔系统工程方法 /110
  6.1.5　WSR 系统方法 /111

6.2　系统分析方法和工具 /113
  6.2.1　甘特图法 /113
  6.2.2　雷达图分析法 /114

6.3　系统综合设计方法 /115
  6.3.1　功能求索法 /115
  6.3.2　重构整合法 /117

6.4　产品整合设计 /119
  6.4.1　产品整合设计概述 /119
  6.4.2　关联产品群 /120
  6.4.3　产品整合的四个层次 /121
  6.4.4　产品平台整合 /124

6.5　产品模块化设计 /126
  6.5.1　模块 /126
  6.5.2　模块化设计 /127

6.6　产品系列化设计 /130
  6.6.1　产品款型 /130
  6.6.2　系列化概念解读 /130

习题 /132

第 7 章　产品系统设计实践 /133

7.1　专题设计 /134
  7.1.1　可持续城市与社区 /134
  7.1.2　良好健康与福祉 /144

7.2　企业项目实践 /156

附录　AI 伴学内容及提示词 /164

参考文献 /166

第 1 章
课程导论

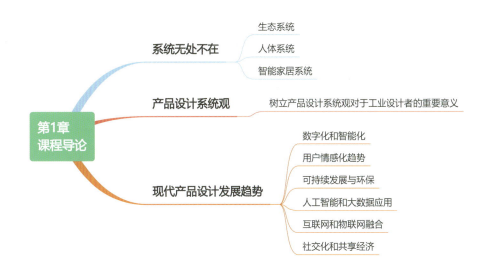

1.1 系统无处不在

"系统"一词并不少见,生活中我们经常能听到和系统相关的词汇,诸如"计算机系统""医疗系统""人事系统""生态系统"等。我们自身就处在各种系统中,仰望星空,我们会感受到自己就是巨大的宇宙系统中的一粒尘埃;洞察微观,我们会感叹细胞解答生命系统的奥秘;每个人都能够说出自己在人类社会系统中属于哪个分工系统,如医疗系统、教育系统、环卫系统等。综合来看,无论是物质世界,还是人类社会,大到宇宙空间、社会整体,小到人体本身、细胞微粒,我们生活的世界是由各种各样的系统组成的。下面通过生态系统、人体系统、智能家居系统,对系统展开更加立体和全面地介绍。

1.1.1 生态系统

生态系统是地球上的生物和环境之间相互作用的系统。在生态学中,生态系统被定义为由生物群体(如植物、动物和微生物)及它们所栖息的非生物环境(包括土壤、水、空气等)共同组成的生物体系。生物群体相互依存,形成食物链和食物网;非生物环境提供基础支持,如土壤是植物生长发育的基质,水是生物生存的基本需求,空气中的氧气和二氧化碳是维持生命的关键物质,生态系统的相互作用和能量流动维持其稳定和平衡(图1-1)。

生态系统具有以下重要特征。

首先,生态系统是一个相互联系的整体,生物和环境相互依赖、相互影响。每个生物群体都

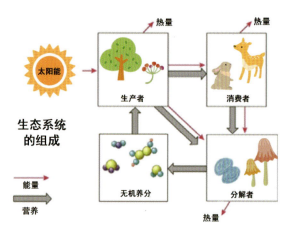

图1-1 生态系统

在生态系统中发挥着特定的功能,不同的生物群体构成了相互依存的食物链和食物网。

其次,生态系统表现出动态平衡的特点。生态系统中的各个成员和环境之间保持着相对稳定的关系,当外界环境发生变化时,生态系统会通过自我调节和适应,维持其内部的平衡状态。

最后,生态系统具有一定的空间尺度和时间尺度。从空间尺度来讲,生态系统可以非常小,如一个小池塘或一片树林;也可以非常大,如一片海洋或一片沙漠。从时间尺度来讲,生态系统可以涵盖从几小时到几百年的不同时间段。

生态系统的动态机理对人类的经济活动和受损生态系统的恢复和重建具有重要的指导意义,宁夏稻渔空间乡村生态观光园的运作机制就是这样的一个例子。

设计案例 1-1 >>>
宁夏稻渔空间乡村生态观光园

宁夏回族自治区贺兰县四十里店村是位于银川市主城区北部的水稻传统种植区，由于农业基础设施薄弱、土地盐渍化严重等问题，村庄长期面临低产、低质、低收入的困境。自2012年以来，在政府的引导和支持下，四十里店村联合当地农业龙头企业，采取土地整治、渔业养殖、循环种养等措施，开发了集农业种植、渔业养殖、产品加工和生态旅游于一体的稻渔空间乡村生态观光园项目（图1-2）。这一综合种养新模式，实现了稻、鱼、蟹、鸭和谐共存，形成了稻、鱼、蟹、鸭相互促进、互利共生的关系。研究显示，该模式不仅提高了水稻产量和质量，还节约了用水，减少了化肥和农药的使用，解决了水体富营养化和尾水排放的问题，提高了农民的收入。2020年6月，习近平总书记在宁夏考察时，对稻渔空间模式发展现代特色农业和文化旅游业进行了调研，强调必须突出农民主体地位，探索建立更加有效、更加长效的利益联结机制，确保群众持续获益。

作为一个复杂的生态循环种养模式，稻渔空间的生态从自然环境拓展到人类的生产生活。在自然生态子系统中，稻、鱼、蟹、鸭等生物和谐共存，实现了立体种养、一田多用。在人类生产生活生态链上，观光园将自然生态和农业、渔业、休闲旅游及产品加工、销售、社会化服务等结合在一起，实现了一二三产业融合发展，真正实现了人与自然和谐共生。

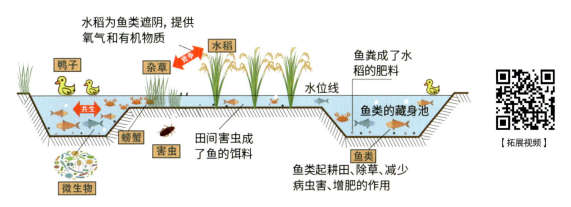

图 1-2 稻渔空间 "稻、鱼、蟹、鸭" 和谐共存的小生态

1.1.2 人体系统

人体是由多个相互关联、相互作用的器官和组织组成的复杂系统，不同器官和组织共同协作以实现各种生理功能，维持身体的稳态。人体系统包含八大系统：运动系统、神经系统、内分泌系统、循环系统、呼吸系统、消化系统、泌尿系统和生殖系统（图1.3），它们协同工作，共同维持人体的正常功能和稳定状态，任何一个系统出现问题，都会影响整个人体机能的综合水平。人体系统具有以下特征。

首先，人体系统由不同的器官和组织组成，每个系统都具有特定的功能和任务。例如，消化系统负责消化食物和吸收营养，呼吸系统负责吸入氧气和排出二氧化碳，循环系统负责氧气与养分的输送。每个器官都高度专业化，以执行其特定的功能。

图 1-3　人体系统

其次，人体系统之间存在紧密联系。各系统之间相互依赖，形成了错综复杂的功能网络。例如，呼吸系统提供氧气给循环系统，循环系统再将氧气输送到各个器官，从而维持身体的生命活动，这种相互作用保证了人体系统的协调运作。

最后，人体系统的调控高度协调，以确保人体维持稳定的内部环境，即人体的内稳态。这种调控主要是通过神经系统和内分泌系统实现的。神经系统通过信息传递，快速调节器官的活动，如在紧急情况下产生反应。而内分泌系统通过分泌激素，缓慢地调节人体的生理活动，如维持体温和代谢平衡等。

随着经济的发展和生活水平的提高，人们越来越关注身体健康。人体系统的和谐稳定深刻影响着我们的健康，人体系统是一个综合的复杂大系统，免疫系统时时刻刻抵御着病原体的侵扰，保护着我们的身体，故增强自身免疫力，对提高人体健康是非常有帮助的。免疫功能强的个体能够依靠自身免疫系统有效抑制和清除入侵病原体。为提高免疫力，人们须加强运动、均衡饮食并保证充足的睡眠。总而言之，人体各系统相互关联、相互影响，只有各系统保持健康平稳，人体系统才能更具生命力。

1.1.3　智能家居系统

智能家居系统（图 1-4）是一种集先进技术和智能设备于一体的自动化家居系统，是现代社会人们的一种居住环境。智能家居系统以住宅为平台，通过网络、感应和自动化技术，家里的各种设备相互连接、协同工作，实现自动化控制、远程操控和智能化管理等，为用户提供更便捷、高效、智能的生活体验。当前，物联网正处于从发展初期向爆发期的过渡阶段。未来，智能家居系统将迎来新的发展机会，并持续、深刻地影响人类的生产和生活。

图1-4 智能家居系统

设计案例1-2 >>>
海尔智家全场景智慧解决方案

海尔智家全场景智慧解决方案是海尔集团面向家庭生活提供的一套综合性解决方案。该解决方案旨在整合各种智能设备、技术和服务，为用户提供综合性的智能家居生态，实现家庭生活的智能化、便捷化和舒适化。海尔智家全场景智慧解决方案不仅关注单一领域的智能设备，还注重各个领域之间的融合，以满足现代家庭生活的多样化需求。图1-5所示的海尔全屋洗护解决方案就是海尔智家全场景智慧解决方案的一部分。

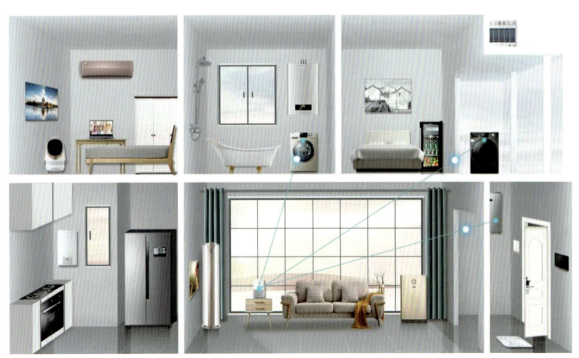

图1-5 海尔全屋洗护解决方案（图片来源：海尔官网）

1.2 产品设计系统观

培养工业设计人才需要先使其树立产品设计系统观,这是因为现代产品设计已经不再局限于单一的产品形态和功能,而是融合了多方面的元素和复杂的系统关系。下面介绍小米生态链、海尔智家、雪蜡车三个相关内容,以此体会产品设计系统观对于企业发展的重要性。

设计案例 1-3 >>>
小米生态链

小米作为中国知名科技品牌,通过产品系统设计在智能手机、智能家居等领域形成了一个完整的智能生态系统。图 1-6 所示为小米生态链,小米不仅设计出了具有高性能的智能手机,还通过智能家居产品(如智能灯泡、智能摄像头等)构建了一个智能互联的家居环境,使用户能够体验到更便捷、智能的生活。这就体现了产品设计系统观在构建智能生态系统中的重要作用。

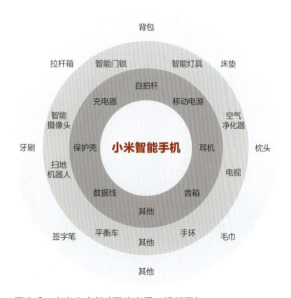

图 1-6 小米生态链(图片来源:搜狐网)

设计案例 1-4 >>>
海尔智家

海尔作为中国家电行业的知名品牌,以家电起家,通过产品系统设计转型,成为全球领先的智能家电和智能家居解决方案提供商。海尔产品系统设计的发展经历了多个阶段,展现出了独特的特点和成功之处。早期,海尔主要致力于生产和销售传统的家电产品,如冰箱、洗衣机等。这些产品以单一功能为主,缺乏整体的系统性设计。随着市场竞争的加剧和用户需求的变化,海尔意识到传统家电市场的竞争已经趋于激烈,单一产品已经不能满足用户的多样化需求。于是,海尔开始转向产品系统设计,致力于向用户提供智能家电和智能家居解决方案。

在智能家电领域,海尔推出了一系列智能化的家电产品,如智能洗衣机、智能冰箱等。这些产品不仅具有高性能和高效率,还能够通过互联网实现远程控制和智能化使用。此外,海尔还在智能家居领域进行了大胆的尝试,通过产品系统设计构建了智能家居系统,推出了智能家居中控系统,将家中的各种智能设备连接到中心控制平台,用户可以通过手机 app 或语音助手控制家里的灯具、冰箱等电器,实现智能化家居管理。这种系统化的设计为用户提供了更全面的家居体验,将智能家居产品进行了有机整合,提升了用户的生活品质。

在产品系统设计的过程中,海尔注重对用户体验和市场需求的研究,通过用户调研和市场分析，深入了解用户的需求和喜好，从而精准定位产品的功能和设计。同时，海尔还与科研机构和专业团队合作，引入先进的技术和设计理念，不断创新和改进。总体而言，海尔通过实施产品系统设计进行转型和创新，从传统家电制造商成功转型为全球领先的智能家电和智能家居解决方案提供商。其成功转型展示了产品系统设计在企业发展中的重要作用。通过构建智能家电和智能家居系统，海尔满足了用户多样化的需求，提高了产品的附加值和市场竞争力，成为国际市场上中国品牌的代表之一。海尔的成功经验也为其他企业提供了宝贵的经验和启示。

设计案例 1-5 >>>
冰雪场上的中国智造——雪蜡车

雪蜡车是由中国重型汽车集团有限公司研发承制，山东多家企业联合研发、生产的。与其说雪蜡车是一台车，倒不如说雪蜡车是一个基于低温环境量身定制、集新一代信息技术于一体的全新智能空间，这也是"智造"的核心用意。雪蜡车包括了车载平台、新能源动力系统、智能控制系统、感知识别系统、无线通信系统、雪板打蜡维护平台、水处理系统、空气管理系统、仿真光源、5G通信与赛事直播系统、光伏发电系统、能源管理系统、环境家具、电器、箱体构造、保温材料及防腐抗潮新材料多个领域和系统，需要高度集成设计和满足奥运比赛需求的各类空间及功能布局。采用车载平台可扩展空间箱体，雪蜡车移动运载时相当于一个标准集装箱车体，到达赛场后可进行空间扩展延伸，工作面积达92.5平方米，分为运动员热身区、雪板打蜡区、雪板储存区、富氧休息娱乐区、卫生间、淋浴间等功能区域（图1-7）。该雪蜡车不仅打破了此前冰雪强国对雪蜡车核心技术的垄断，也成了运动员赛前热身、雪板储存、休息娱乐的备战间、休闲室，为运动员的训练备战提供了保障。

【拓展视频】

在智能化、信息化时代，产品的设计融入了服务与体验等设计内容，设计对象和设计活动日益复杂化。树立产品设计的系统观，对于工业设计者具有重要意义。

（1）树立产品设计的系统观可以帮助设计人员更好地理解产品、环境、用户及市场等要素之间的相互作用和影响。

现代产品设计需要考虑更广泛的因素，包括产品在使用环境中的适应性、用户体验和情感需求，以及市场竞争和可持续发展等。只有将这些因素视为一个有机整体，才能在产品设计中实现更全面的优化和创新。

图 1-7 雪蜡车（图片来源：百度百科）

(2）产品设计的系统观还能够培养工业设计人员的综合能力和跨学科合作意识。

工业设计人员在产品的设计开发活动中，需要与多个领域的专业人员合作，如生产工程师、营销人员、用户研究员等，这就要求工业设计人员具有系统眼光，学会在跨学科团队中有效沟通和合作，能结合各个领域的知识，共同解决复杂的问题。

(3）树立产品设计的系统观有助于培养工业设计人员的创新意识和解决问题的能力。

在面对复杂的产品设计需求时，工业设计人员需要超越传统的思维模式，寻找创新的解决方案；通过系统性的思考和综合性的设计，在产品设计中发现更多的机遇和可能性。

(4）产品设计的系统观也有助于工业设计人员建立正确的职业素养和社会责任意识。

现代产品设计不仅仅是追求单一的外观和功能，更需要考虑产品对社会和环境的影响，故工业设计人员应该树立可持续发展和伦理道德意识，通过系统性的设计来创造更有价值和可持续的产品。

总而言之，树立产品设计的系统观是培养优秀工业设计人员的关键。它能够帮助工业设计人员更好地理解产品设计的复杂性，提升综合能力和创新能力，促进跨学科合作，建立正确的职业素养和社会责任意识。通过培养系统化的设计思维，工业设计人员能够在不断变化的市场和社会环境中脱颖而出，为未来的产品创新和发展作出贡献。

1.3 现代产品设计发展趋势

工业产品设计的发展与社会的经济发展和科技的进步是分不开的，产品的设计总是追随着人的需求，而人的需求又是随着社会经济和科技的发展而变化的。当一定的产品需求得到满足、新的科技出现时，就会出现新的潮流，从而刺激产生新的产品设计。自20世纪80年代以来，随着计算机和互联网技术的快速发展，人类进入信息化时代，这种巨变深刻影响了工业设计的技术手段，催生了新的工业设计的程序和方法，也对设计人员的观念和思维方式产生了深刻的影响。工业产品的设计理念不能仅仅停留在满足人的生活、生产需要层面上，而是要在情感、理念等方面有所改变。总体来说，现代产品发展的趋势可以总结为以下几个方面。

1.3.1 数字化和智能化

随着科技的不断进步，越来越多的产品正在

向数字化和智能化方向发展,包括智能家居设备、智能穿戴设备、智能手机、智能汽车等。这些产品通过集成传感器、人工智能、互联网等技术,提供智能、便捷、个性化的用户体验。以智能手机为例,随着移动通信技术的迅速发展,智能手机已成为人们生活中不可或缺的一部分。通过集成高级传感器、人工智能助手和智能应用程序,智能手机提供了许多便利的功能,如语音助手、人脸识别、实时定位等,为用户带来更加便捷、智能的生活。

1.3.2 用户情感化趋势

由于目前用户对产品的体验要求越来越高,因此用户体验成为产品设计的重要焦点。优秀的产品应该注重简洁易用的界面设计、流畅的交互体验、个性化定制等,以满足用户的需求并提升用户忠诚度。The Dragon Bundle 智能奇光板(图 1-8)来自加拿大智能照明公司绿诺(Nanoleaf),是一套像乐高积木一样可拼接成各种形状,还能语音控制的可变色智能组合灯板。该智能奇光板的设计灵感来源于美丽绝伦的北极光,旨在通过光影的变幻打造个性化的创意照明体验,是一款智能模块化照明系统。该智能照明系统由三角形的 LED 模组任意组合而成,可安装在墙上、桌子上、天花板上等,是一种感官体验强烈的家居照明系统。这款极简设计风格的照明系统没有固定的形状,用户可以组成他们想要的任意形状,通过语音或手动控制灯的颜色。

1.3.3 可持续发展和环保

随着人们环保意识的增强,现代产品的发展趋势之一是更加注重可持续发展,如推出低碳、低能耗的产品,采用可循环材料,减少资源浪费等。作为中国创新领先的新能源汽车品牌,蔚来汽车专注于纯电动汽车的研发和生产,在推动可持续发展方面,蔚来汽车的贡献主要体现在以下六个方面。

(1)新能源汽车。蔚来汽车专注于新能源汽车的研发和生产,主要以纯电动汽车为主。纯电动汽车消除了传统燃油车的尾气排放,有助于减少空气污染和温室气体排放,从而降低对环境的影响。

(2)可再生能源。蔚来汽车积极推动可再生能源的应用。他们鼓励用户使用可再生能源充电设施(如太阳能充电桩),以减少对传统能源的依赖。

【拓展视频】

图 1-8 The Dragon Bundle 智能奇光板(图片来源:绿诺官网)

（3）可循环材料。在汽车制造过程中，蔚来汽车采用可循环材料（如可回收塑料和金属），以降低废弃物的产生并促进资源的再利用。

（4）长使用寿命的电池。蔚来汽车致力于研发高质量、长使用寿命的电池。长使用寿命的电池不仅延长了纯电动汽车的使用寿命，而且减少了电池更换和废弃的频率，有助于减少产生电池废物。

（5）碳中和计划。蔚来汽车积极推动碳中和计划，致力于减少汽车全生命周期内的碳排放，并通过植树造林、参与碳交易等方式抵消公司和用户的碳足迹。

（6）建设充电基础设施。为了支持电动汽车的发展，蔚来汽车积极推动充电基础设施（图1-9）的建设。他们建设了一系列快充站和换电站，为用户提供便捷的充电服务，促进电动汽车的普及。

图1-9 蔚来家用充电桩（图片来源：蔚来汽车官网）

蔚来汽车的可持续设计体现在打造环保、高效的新能源汽车，同时推动能源的可再生利用，减少废弃物的产生，推动碳中和计划，抵消碳排放，并提供完善的充电基础设施等方面，为用户创造更环保、更便利的出行方式，从而在汽车产业中发挥积极的示范和推动作用。

1.3.4　人工智能和大数据应用

人工智能和大数据技术在产品领域的应用越来越广泛。人工智能和大数据技术能够收集和分析用户数据，为用户提供个性化推荐和定制化服务，优化产品性能和用户体验。Netflix作为一家全球知名的流媒体娱乐公司，在人工智能和大数据应用方面展现了强大的实力。首先，Netflix利用大数据和人工智能技术分析用户的观看历史、评分、喜好和观看行为等信息，为每位用户提供和推荐可能感兴趣的电影、电视剧和纪录片，从而提高用户对内容的满意度和观看体验。其次，Netflix的数据分析团队利用人工智能技术评估剧集，通过分析用户的观看习惯、评分等因素，预测哪些类型的剧集可能会受到欢迎，并据此制定内容采购和制作策略。此外，为了提供更好的流媒体服务，Netflix利用人工智能技术优化视频压缩和传输，以确保在不同网络条件下都能提供高质量的视频内容，降低缓冲时间，并节省带宽。整体来说，通过大数据分析和人工智能技术的应用，Netflix不仅为用户提供了个性化的观影体验，而且为公司在全球范围内取得了巨大的商业成功。这些技术的应用也使得Netflix成为引领流媒体娱乐行业的先锋。

1.3.5　互联网和物联网融合

现代产品与互联网和物联网的融合也是发展的趋势之一。将产品与互联网和其他设备连接，可实现更高效的数据交换和智能化控制，为用户提供更丰富的功能和服务。京东作为中国著名的电商平台，不仅在互联网电商领域表现出色，而且还涉足了物联网领域。京东小家app（图1-10）是京东打造的一站式生活管家应用，致力于帮用户实现高品质的智慧生活方式。京东小家app依托京东完善

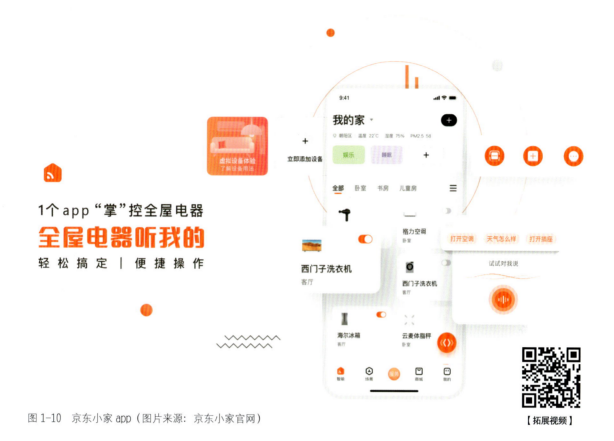

图1-10 京东小家app（图片来源：京东小家官网）

【拓展视频】

的供应链体系及领先的技术，为生态内的品牌厂商提供低成本、高效率的多种智能设备接入模式，并与品牌厂商共建电器服务运营网络。通过京东小家app，用户可以简单便捷地进行跨品牌设备间的互联互通，一键实现智能家居设备的场景化控制，同时用户家里所有设备全生命周期服务均可在京东小家app上一站式完成，由此为用户打造了真正意义的"智慧电器管家"。

1.3.6 社交化和共享经济

社交化和共享经济的兴起也影响着产品设计。越来越多的产品融入社交功能，使用户可以与他人共享体验和信息，从而提高产品的社会化价值。以滴滴出行为例，作为中国首家共享出行平台，滴滴出行通过社交化和共享经济的理念，将乘客和司机联系起来，提供便捷、灵活、经济的出行解决方案。

从社交化的角度来看，滴滴出行充分利用了社交网络和互联网技术。通过手机app，乘客和司机可以实时沟通，互相分享信息，预约和确认乘车。滴滴出行还为乘客和司机提供了评价和评级系统，使用户可以互相评价和参考他人的评价，以提高服务质量和用户的信任度。

从共享经济的角度来看，滴滴出行实现了资源共享和优化利用。司机共享自己的汽车和空闲时间，提供搭车服务，获取收益；乘客按需搭乘汽车，获取便捷的出行服务。通过优化资源利用，滴滴出行降低了出行成本，提高了汽车利用率，减少了交通拥堵和环境污染。

滴滴出行的成功在很大程度上得益于其社交化和共享经济的运营模式。这种模式不仅为乘客提供了便捷、实惠的出行选择，也为司机提供了额外的收入来源。同时，滴滴出行通过大数据分析和人工智能技术，优化车辆调度和路线规划，提高了服务效率，为用户提供了更好的出行体验。故滴滴出行成了中国乃至全球共享经济领域的典型代表和领导者。

习　题

1. 除了本书中提及的系统，请列举生活中常见的其他系统，并阐述这些系统的特征。
2. 树立产品设计的系统观，对工业设计者而言具有极为重要的意义。请阐述你的认识与见解，撰写一篇不少于800字的小论文。
3. 试分析现代产品设计的发展趋势对工业设计者的职业素养提出了哪些新要求。

第 2 章
系统设计基础

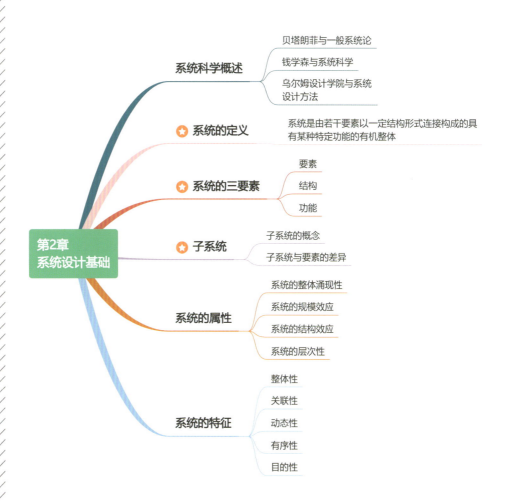

2.1 系统科学概述

系统科学是一门新兴的综合性、交叉性学科，主要研究系统的结构与功能关系、演化和调控规律。系统科学以不同领域的复杂系统为研究对象，旨在揭示各种系统的共性及演化过程中遵循的共同规律，发展优化和调控系统的方法，进而为系统科学在科学技术、社会、经济、军事、生物等领域的应用提供理论依据。

20 世纪 80 年代，钱学森对系统科学展开了大量研究，在明确的学科系统观点指导下，探讨了现代科学的总体系和各门科学的体系结构，强调将系统科学的思想和方法应用于工程实践，重视系统内各组成部分之间的相互关系，提倡采用整体性的研究和提供综合性的解决方案。钱学森对系统工程的理论研究和应用推广，促进了中国系统科学的发展，为复杂工程和系统的设计和管理提供了重要的思想指导。

与钱学森同时期对中国系统科学发展作出重要贡献的科学家还有许国志。1979 年 4 月，许国志向钱学森提出在中国发展系统工程的设想，得到了钱学森的赞同。同年由钱学森、许国志、王寿云撰写的，题为《组织管理的技术：系统工程》的论文发表了，这篇论文对推动中国系统工程的发展起到了关键作用。许国志的研究涵盖了系统科学的多个方面，在控制理论与系统优化、系统仿真与建模、复杂网络与数据挖掘、知识工程与人工智能等领域为中国系统科学的发展作出了巨大贡献。

在设计学理论发展领域，系统设计理论最早可以追溯到乌尔姆设计学院时期。系统设计理论是德国理性主义技术美学思想发展的核心，其指导思想是设计直接服务于工业，系统设计理论在包豪斯设计精神的基础上进一步发展了功能主义美学思想，建立了具有高度理性特点的系统设计理论，是新功能主义设计的典范，该理论奠定了德国设计的基础。

2.1.1 贝塔朗菲与一般系统论

贝塔朗菲（图 2-1）被认为是系统科学的奠基人之一。1924—1928 年他在前人研究的基础上，多次发表文章表达一般系统论的思想，强调必须把有机体作为一个整体或系统来研究，才能发现不同层次上的组织原理。1937 年，贝塔朗菲在芝加哥大学的一次哲学讨论会上首次提出一般系统论概念，奠定了系统科学的理论基础。1947—1948 年，他进一步阐明一般系统论的思想，指出不论系统的具体种类、组成部分的性质和它们之间的关系如何，都存在着适用于综合系统或子系统的一般模式、原则和规律。1954 年，贝塔朗菲出版《行为科学》和《一般系统年鉴》。

图 2-1　贝塔朗菲

随着贝塔朗菲对一般系统论探索的不断深入，一般系统论于二十世纪六七十年代受到人们的重视。他发表的专著《一般系统论》成为该领域的奠基性著作，这是一部运用逻辑和数学方法研究一般系统运动规律的理论著作，书中论述了系统理论的三个要点。

（1）系统论的核心思想是系统的整体观念，系统是一个有机整体。

关于系统整体概念的提出，亚里士多德的整体论是贝塔朗菲创立系统论的重要思想来源，为贝塔朗菲提出系统的概念提供了重要支撑。正如亚里士多德所说的"整体大于部分之和"，这正说明了系统的整体性，亚里士多德反对"只要要素性能好，整体性能就一定好"的以局部说明整体的机械论的观点。同时，系统中的各要素并非孤立存在，而是相互联系，处于系统中特定的位置，发挥着特定的作用。这些要素之间的相互关联构成了一个不可分割的整体。

（2）系统不是封闭系统。

贝塔朗菲指出，每一个生命有机体本质上都是一个开放系统。与封闭系统不同，开放系统与外界交换物质和能量，通过连续不断的物质流入与流出，以及组分的持续构成与破坏来维持自身的稳定。开放系统永远不会达到化学或热力学平衡状态，相反，它们处于一种被称为稳态的状态，在稳态下，生命体能够适应环境变化，并保持相对稳定的内部环境，以维持其生命活动。

（3）把世界统一起来的原理使我们发现在所有层次上都存在组织。

贝塔朗菲指出："一个原子、一个晶体、一个分子都是组织。在生物中，有机体被定义为有组织的东西。无论是生命有机体还是社会，组织概念的特征类似于整体、生长、分化、层次、支配、控制、竞争等概念。"

2.1.2 钱学森与系统科学

钱学森将系统科学描述为："系统科学是从事物的部分与整体、局部与全局及层次关系的角度来研究客观世界的。"

钱学森被尊称为"中国航天事业奠基人"，荣获"两弹一星功勋奖章"，然而这并不是他科学成就的全部。自 20 世纪 70 年代以来，钱学森将大部分科研精力投入社会科学、系统科学、思维科学、人体科学、科学技术体系及马克思主义哲学等领域的研究中，并提出了许多新观点、新思想和新理论。在他广泛涉足的众多科学领域中，系统科学是他最重视、最专注的领域。在钱学森的引领和推动下，中国学者们深入研究了系统科学的各个方面，为中国系统科学的发展作出了杰出贡献。1978 年 9 月 27 日，钱学森的文章《组织管理的技术：系统工程》问世，开创了"系统工程中国学派"。钱学森在系统科学方面最重要的贡献包括将系统分为三个主要类型，即简单系统、简单巨系统和复杂巨系统（后两者统称为巨系统），以及发展了系统学和开放的复杂巨系统的方法论。

简单系统是指要素之间主要呈现线性关联的系统。此类系统的结构或运动通常可以用一组线性约束方程来描述，具有可控性、可预见性和可组成性。举例而言，在物理学中，描述理想刚体相互作用的力学、刚体运动的运动学及动力学的理论都属于简单系统的范畴。在管理学中，一个班级中的每个同学都朝着相同的目标前进，形成一个简单系统；同样，一群人排队购票也可视为一个简单系统。

简单巨系统仅比简单系统增加了规模巨大的特征，也就是系统中的要素数量特别庞大，系统规模特别巨大，但要素间的关系仍然以线性关系为主。这类系统通常可以通过统计学工具从整体上进行描述和处理。例如，在阅兵场上整齐行进的军人可以近似为一个简单巨系统。

复杂巨系统与简单系统不同，复杂巨系统的要素之间主要呈现非线性关联。例如，人类社会、人脑、自然生态系统、恒星系、国际社会等都是典型的复杂巨系统。这里的"非线性"不仅仅是数学上的概念，而是强调复杂巨系统无法通过简单加和来概括，复杂巨系统必然产生涌现性的组合关系。举例来说，三个和尚没有水喝导致的情况，是典型的"1+1<2"的效应，展现了人与人之间的非线性关系。

由于目前人类的探索能力和数学能力有限，在学术研究中，人们往往会从某个维度、某个阈值上对这类系统进行抽象简化，将其描述为一定程度的线性系统；或者限定部分约束条件使其简化为特定形式来解决特定问题，如量子论标准模型。需要注意的是，庞大的系统不一定就是复杂的，但复杂的系统必然是庞大的。

【拓展视频】

【拓展视频】

2.1.3 乌尔姆设计学院与系统设计方法

乌尔姆设计学院于1953年创立，是20世纪重要的设计学院之一。乌尔姆设计学院的创办受到包豪斯学派的影响，延续了实验性、跨学科和实用主义的传统。在设计理论方面，乌尔姆设计学院的最大贡献在于推广了系统化设计理念。

在《世界现代设计史》一书中，王受之详细介绍了系统设计理论的发展，指出系统设计最早的尝试可以追溯到约1927年，当时格罗皮乌斯提出了系统化设计的可能性。他在包豪斯提倡设计系统的家具，曾带头为柏林的菲德尔（Feder）百货公司设计可以现场拼装的系列家具，这是系统设计的最早尝试。

乌尔姆设计学院的教员汉斯·古格洛特在系统设计上作出了重要的贡献。1954年，汉斯·古格洛特加入了乌尔姆设计学院的教员队伍，他所倡导的系统设计理念对确立乌尔姆设计学院设计模式起了重要的作用。1957年，汉斯·古格洛特和他的学生们为斯图加特的波芬格公司设计了世界上第一套拼装版的平板包装的办公室家居系统。

乌尔姆设计学院提出的系统设计的潜台词是"以有高度次序的设计来整顿混乱的人造环境，使杂乱无章的环境变得具有关联。"其使用方法首先在于创造一个基本模数单位，在这个单位上反复发展，形成完整的系统。模数体系是系统设计的关键。

设计案例 2-1 ≫
设计史中的系统设计

在设计史上对系统设计作出杰出贡献的两位设计师是汉斯·古格洛特和迪特·拉姆斯。古格洛特是乌尔姆设计学院的教员，同时为布劳恩公司提供设计，他设计的音响设备就是最早基于模数体系的系统设计。古格洛特与拉姆斯合作，在布劳恩公司完善了古格洛特在学院的构想，每一个单元（如扩大机、收音机、电唱机、电视机等）都可以自由组合(图2-2),由此推广到家具、建筑等领域,使整个室内空间有条不紊,严格单纯。系统设计的观念可以说是由古格洛特在乌尔姆设计学院里提出的,由拉姆斯通过其在布劳恩公司、扎夫公司、维索公司的设计推广出来的,并成为德国的设计特征之一。系统设计从产品发展到其他的设计领域,其中一个比较重要的平面设计领域就是德国汉莎航空公司的视觉传达和平面设计项目,这个项目是由教师奥托·艾舍带领学生完成的。他们采用简单的方格网作为系统设计的基础,发展出字体、企业标志、整体企业形象;色彩计划采用具有高度理性特点的镉黄和普鲁士蓝色,视觉冲击非常强烈,是德国企业形象设计中非常成功的案例(图2-3)。而这个设计为将方格网作为系统化平面设计的方式的推广奠定了基础。

系统设计在乌尔姆设计学院十分流行,并且逐步被引入建筑设计领域。从系统设计的理论根源来看,系统设计的核心是理性主义、功能主义和强烈的社会责任感的混合;从形式上看,系统设计则以基本单元为中心,形成高度系统化的、高度简单化的形式,整体感非常强,但同时又具有冷漠和非人情味的特征。

系统设计形成的完全没有装饰的特征,在设计上被称为减少主义。这种减少主义从实质上看与米斯在美国推行的"少即是多"有所不同,德国的减少主义特征不是风格探索的结果,而是系统设计、理性设计的自然结果。米斯是要设计出看起来单纯的风格,这种风格的设计甚至可以以牺牲功能性为前提;而拉姆斯则认为单纯的风格只不过是解决系统问题的结果。他认为"最好的设计是最少的设计"(The best design is the least design),故他被设计理论界称为新功能主义者。在色彩上,米斯和拉姆斯都主张采用中性色彩:黑、白、灰。拉姆斯反复强调设计的目的是清除社会的混乱,这种提法即使在当下依然具有强烈的社会工程味道。

乌尔姆设计学院的设计哲学在德国具有很大的影响力,我们从德国产品中可以看到这种功能主义、理性主义、减少主义的特征。虽然该学院在1968年关闭,但是其影响仍越来越大,该学院的不少教师和学生都成了大企业的设计骨干,他们把学院的哲学带到具体设计实践中。从布劳恩公司的室内用品(如钟表),到克鲁伯公司的家用电器,乃至海报、企业标志设计,这种影响可以说是无所不在。

——王受之,《世界现代设计史》

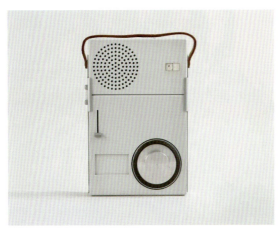

图2-2 古格洛特和拉姆斯于1959年设计的袖珍电唱机收音机组合

图2-3 奥托·艾舍为德国汉莎航空公司设计的LOGO

2.2 系统的定义

"system"一词源自古希腊语,意为由各部分组成的整体。一般系统论的创始人贝塔朗菲把"系统"定义为"相互作用的诸要素的综合体",并通常将系统定义为:系统是由若干要素以一定结构形式连接构成的具有某种特定功能的有机整体。简单来说,系统就是一系列相互关联的要素集合。从系统的定义来看,构成系统必须具备以下三个条件。

首先,至少需要两个或两个以上的要素才能组成系统。

其次,这些要素之间必须相互联系、相互作用,按照一定方式形成一个整体。

最后,这个整体具有的功能是各个要素所没有的功能。

因此,任何一个系统都包括三种构成要素:要素、连接(结构)、目标(功能)。

系统可以是物理的,如机械装置、生物体或电子设备;也可以是抽象的,如组织结构、信息系统或社会经济体系。无论是什么类型的系统,它们都具有以下基本特征。

(1)部分和整体。系统由多个部分组成,这些部分共同构成整体,并且整体的性质和行为不仅取决于各部分的特性,还取决于它们之间的相互关系。

(2)相互作用。系统中的各部分之间相互作用、相互影响。这些相互作用可以是正反馈的(促进或放大系统的变化),也可以是负反馈的(抑制或减弱系统的变化)。

(3)目标(功能)。系统设计和运作旨在实现特定目标或完成特定功能。系统的结构和组织都是为了达成这些目标。

(4)界限和环境。系统与外部环境有界限,并与环境交换信息、物质或能量。环境的变化可能会对系统产生影响。

系统存在的形式是多种多样的,可根据系统的特征和属性进行多维度划分。如自然系统与人造系统、开放系统与封闭系统、硬系统与软系统、简单系统与复杂系统、静态系统与动态系统、离散系统与连续系统等,这些分类展示了系统的多样性与复杂性,为系统的研究提供了多种角度,推动了对各种系统的深入理解和有效管理。

设计案例 2-2 >>>
常见的系统类型

(1)自然系统与人造系统。
根据系统的产生方式,系统可以分为自然系统与人造系统。自然系统是自然界中存在的系统,如土壤系统、海洋系统等。而人造系统是人为创造的系统,如机械装置、信息系统、社会组织等。

(2)开放系统与封闭系统。
根据系统与外部环境的交互关系,系统可以

分为开放系统与封闭系统。开放系统与外部环境有交换和交互，能够交换能量、物质和信息。地球就是一个典型的开放系统，它与外部环境（如太阳和宇宙空间）进行能量和物质的交换。而封闭系统与外部环境隔绝，不与外界进行交换，如太阳系可以被视为一个封闭系统，在太阳系内部，能量和物质基本上不与外部宇宙空间进行交换，太阳系的能量主要来自太阳，包括太阳光和太阳风等，而能量在太阳系内部循环，不与外部宇宙进行交换。需要说明的是尽管太阳系是一个封闭系统，但它内部的行星、卫星等天体之间仍存在相互作用和相互影响。总的来说，开放系统和封闭系统是基于系统与外部环境的交互关系来定义的。

（3）硬系统与软系统。

根据系统的性质和特点，系统可以分为硬系统与软系统。硬系统是指具有明确的目标、由物质组成的系统，硬系统这个概念通常用于工程和物理领域，如汽车生产线是一个典型的硬系统，它是一个物理系统，该系统由各种设备、机器人、生产工艺等硬件组成。汽车生产线的目标是高效地组装汽车，汽车生产线的整体结构和流程被精心设计和优化，以最大限度地提升生产效率和汽车质量。而软系统是指具有复杂性、模糊性和非确定性的系统，通常用于社会和管理领域，如组织管理是一个典型的软系统，它是一个复杂的社会系统，包括董事会、管理层、部门、员工、流程、文化、目标等。在组织管理中，目标往往不是唯一的，而是可能包括提高业绩、增加利润、提供优质服务等多个方面。

（4）简单系统与复杂系统。

根据系统的复杂程度，系统可以分为简单系统与复杂系统。简单系统包含少量的元素和关系，易于理解和分析，如水龙头就是一个典型的简单系统。该简单系统由几个基本部件组成，如水龙头本身、水管和阀门等，水龙头的功能很简单，就是控制水的流量。复杂系统包含大量的元素和关系，难以直接理解和预测，如全球气候系统是一个典型的复杂系统，它包括大气、海洋、陆地等多个子系统，它们之间相互关联和相互影响，全球气候系统的目标是维持地球上的气候平衡和稳定。

（5）静态系统与动态系统。

根据系统的行为特征，系统可以分为静态系统与动态系统。静态系统是指不随时间变化的系统，其状态在任何时刻都保持不变，如一幅静止的油画是一个典型的静态系统，在这幅画中，所有的元素都是静止的，没有任何运动或变化。画中的物体和场景被冻结在一个特定的瞬间，不会发生任何变化。因此，我们可以通过观察这幅油画来理解画家想要表达的意境和情感，而不需要考虑任何时间上的因素。动态系统是指随时间变化的系统，其状态会随着时间的推移而变化，如流动的河流就是一个典型的动态系统，水流不断从源头流出，形成流水的动态过程，而且水流不断地受到外部环境的影响，如降雨、融雪等，这些外部环境的影响会导致水位和流速发生变化，这种变化使河流具有动态性和不确定性。

（6）离散系统与连续系统。

根据系统的空间状态，系统可以分为离散系统与连续系统。在离散系统中，系统的状态在不同时间点上不是连续的，而是以离散的步进进行变化的。离散系统通常是基于事件或步骤进行演化的，每个事件或步骤对应一个特定的状态，如交通信号灯就是一个离散系统，它只有几种状态，如红灯、黄灯和绿灯。信号灯的状态是离散的，每个状态对应着不同的交通指示，如停车、准备停车和通行。连续系统的状态空间是连续的，没有明确的间隔或分割点，连续系统通常是基于时间上的连续变化进行建模和分析的，如气象系统就是一个连续系统，温度、湿度、气压等气象变量可以连续变化，气象的变化是一个连续过程，可以用连续的数学模型来进行预测和描述。

以上是一些常见的系统类型，实际上系统的类型非常多，可以根据具体的特征和应用领域来进行更细致的划分。系统科学的研究就是致力于理解和分析不同类型的系统，并为各种类型的系统提供优化和改进的方法和工具。

【在线答题】

2.3 系统的三要素

2.3.1 要素

1. 要素的定义

要素（也称元素）是构成系统的基本组成部分、基本单元或最小组成单元。例如，组成公交车可伸缩把手的吊环、吊绳、伸缩杆、弹簧（图2-4），血液循环系统中的血液、血管、心脏，学校里的学生、教师、教室、书本，企业生产系统中的人、财、物等都可称为要素。要素是系统存在的基础。然而，需要明确的是，系统并不仅仅是一些要素的简单相加，而是由一组相互关联的要素构成的有机整体，这些相互关联的要素能够实现特

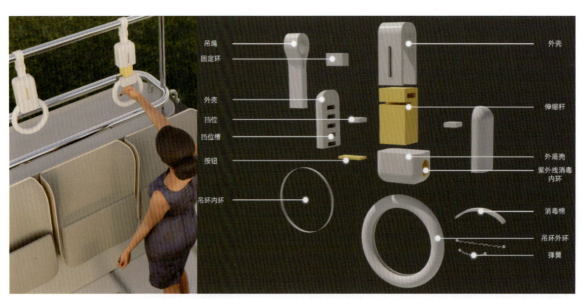

图2-4 公交车可伸缩把手（设计者：赵逸宣）

定的目标。公交车可伸缩把手的各个构成要素必须通过合理的结构关系产生关联，才能方便乘客在公交车行进过程中抓握。

2. 产品系统要素

产品系统要素至少包含两个层面的概念，如图2-5所示。第一个层面是产品实体，包括部件、元件、构件等；第二个层面是关联事物，包括功能、形态、色彩、美学等。任何一款产品系统的设计只有充分考虑实体层面的要素和关联事物层面的要素，才能更好地把控整体系统目标的实现。

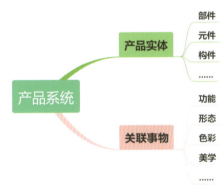

图2-5　产品系统要素层级

3. 要素的种类

在构成系统的各个要素中，根据对功能输出的重要性不同，要素被分为核心要素和非核心要素，这些要素在系统的结构和功能中扮演着不同的角色。

(1) 核心要素。

核心要素是构成系统的关键要素，核心要素对于系统目标的实现至关重要。核心要素通常直接关联到系统的主要目标，是系统不可或缺的一部分。在系统分析和优化中，核心要素往往是重点关注和优先考虑的对象。

例如，在一个制造业公司的生产系统中，核心要素可能包括生产设备、原材料、生产人员和生产工艺。这些要素直接影响产品的质量和生产效率，是保证生产过程顺利进行和产品达到预期标准的关键要素。

(2) 非核心要素。

非核心要素是系统中相对次要或起辅助作用的要素，它们对于系统目标的实现影响较小。非核心要素通常与系统的主要目标关联度较低，不是系统的关键驱动因素。

例如，在制造业公司的生产系统中，非核心要素可能包括厂房的室内装饰、员工休息室的设施、员工的服装等。虽然这些要素对于生产产品本身没有直接的影响，但它们仍然是提升员工工作环境和满足员工需求的重要因素。

区分核心要素和非核心要素对于系统分析和优化至关重要。将注意力集中在核心要素上，可以更有效地改进和优化系统的性能和功能，从而更好地实现系统整体效果。

要素的变化会影响系统性质的变化，特别是核心要素，其对系统性质起决定性作用。例如，同一个车型，可以是低配、中配及高配三个版本，主要的差异在于汽车的发动机等核心要素的型号和配置。

4. 系统和要素的关系

系统的性质由要素决定，有什么样的要素，就有什么样的系统。不同要素必定构成不同性质的系统。例如，就汽车的造型元素而言，如果外观设计大量采用相对柔性的"曲线"和"曲面"要素，那么汽车就表现出流畅、华丽、柔美的风格特征[图2-6 (a)]；相反，如果汽车的外观设计大量采用相对硬朗的"直线"和"平面"要素,那么汽车就表现出刚烈、硬朗、有力的风格特征[图2-6(b)]。

图2-6 不同的汽车造型风格(图片来源:小米汽车官网、吉利汽车官网)

5. 系统和要素的相对性

一个产品既可以被视为一个系统,又可以被视为一个要素。以智能家居系统为例,智能家居系统本身可以被看作一个系统,它集成了各种智能设备、控制器、互联网连接和软件应用,以实现远程控制、自动化任务和用户交互等功能。相较于整个智能家居系统而言,构成该系统的每个智能设备可以被视为一个要素。然而,若将每个智能设备单独拎出来看,由于它们具有自身的功能和独立控制特性,因此也可以被看作一个独立的系统。故一个对象是系统还是要素是相对而言的,要分析一个对象是系统还是要素,需要结合它所处的场域进行判断。

2.3.2 结构

结构(也称连接)是指各要素之间看不见的相互联系和作用。例如,两个人之间的上下级关系、合作关系、情感关系,汽车转向盘和轮胎之间的传动关系等都可视为结构。要素和要素之间的关系常被称为"相互作用""相互影响""内在连接"等,在产品设计领域,系统要素之间的关系通常被称为产品结构。

1. 系统结构的定义

系统结构是指系统内各组成要素之间的相互作用、相互影响的方式或秩序,是各要素在时间或空间上排列和组合的具体形式。系统结构是系统内在关系的综合反映,是系统保持整体性及使系统具有一定功能的内在依据。系统结构的合理性直接影响系统的整体功能、稳定性和性能。

以汽车为例,一辆汽车由发动机、传动系统、车身结构、悬架系统、制动系统和电气系统等要素组成。发动机提供动力,并通过传动系统将动力传递至车轮,从而确保车辆正常行驶;悬架系统提升了行驶的平稳性和舒适度,确保车轮与路面接触良好;制动系统与电气系统协同作用,确保制动时汽车反应迅速,增强安全性。优秀的汽车设计要求各要素之间协调合作,如发动机的输出必须与传动系统的响应相适应,悬架系统的调校须考虑车辆的重心和动态特性。系统结构的合理性直接影响汽车的稳定性和性能;不协调或设计不当将导致汽车转向不灵敏或制动反应迟缓,进而影响驾驶的安全性与舒适度。

2. 系统结构的形式

系统结构与系统要素相比,层次更高,而且更复杂,系统内每一要素的变化都会引起系统结构的变化。系统结构的形式是多种多样的,具有多维性。在实际应用中,系统结构通常表现为以下几种形式。

（1）层次结构。层次结构是一种依照上下级或主次关系进行组织的结构形式，充分体现了系统中各要素的等级划分和控制关系。例如，在企业管理系统当中，通常会划分决策层、管理层和执行层，各层级之间有着明确的职责划分，上下级之间通过指令的下达与反馈的传递形成循环，以此保证系统的运转效率。

（2）网络结构。网络结构强调要素之间的多向联系，通常被用于描述复杂系统中具有非线性和相互依赖的特性。例如，社交媒体平台中的用户网络，通过节点和连接清晰地展示用户之间的关系。

（3）模块化结构。将系统划分为若干功能模块，各模块相对独立又相互协作。

需要补充的一点是，系统内部的反馈环路是系统结构的一部分，系统内部的反馈环路影响系统的稳定性和动态行为。正反馈环路和负反馈环路可以对系统产生增强效应或抑制效应。系统内部的反馈环路相较于系统结构的其他内容而言，比较难以理解。

设计案例 2-3 >>>
从喝咖啡的视角理解系统内部的反馈环路

如果你习惯喝咖啡，当你感觉有些倦怠时，你可能会煮上一杯浓浓的咖啡，让自己重新振作起来。你，作为喝咖啡的人，在头脑中有一个期望的精神状态；当你察觉到实际精神状态与期望的精神状态之间存在差异，你会通过喝咖啡这一系统，摄入咖啡中的咖啡因，从而调整自身的新陈代谢，使自己的实际精神状态（存量）接近或达到期望的水平。当然，你喝咖啡可能还有其他目的，比如喜欢咖啡的味道或者喝咖啡是一项社交活动等，在此不展开讨论。

在这个喝咖啡的案例中，该反馈环路可以起到为你补充能量的作用，但也可能导致能量供应过量。如果你喝了过多的咖啡，发现自己能量过剩，过于亢奋，你不得不活动一会儿，代谢掉过多的咖啡因。与期望的能量水平相比，过高的能量会使你产生一种差异感，告诉你的身体"太多了"，这样会让你降低咖啡摄入量，直到身体的能量水平保持相对平稳（图 2-7）。

——德内拉·梅多斯，《系统之美》

通过深入理解系统要素之间的结构和关系，更好地预测系统的行为，发现潜在的问题和机会，并制定相应的策略来优化系统的性能。系统的结构是系统分析、设计的关键因素，优化系统结构有助于实现系统的整体目标和要求。

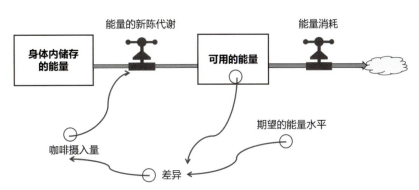

图 2-7 喝咖啡的人的能量系统（图片来源：《系统之美》）

3. 系统结构的特性

（1）有序性。

有序性是系统结构要素之间表现出来的规则性、重复性和因果关联性。系统的有序性使系统的行为、关系和性质更加可预测和稳定，有助于实现和维持系统的功能。例如，行星的运动遵循万有引力定律，这种规律体现了整个太阳系的有序性，行星围绕太阳公转是按照特定的椭圆形状轨道和周期进行的，这种规律性使天文学家能够预测行星的位置和运动状态，这对导航、航天任务等都非常重要。再如，城市交通信号灯按照一定的时间序列进行切换，确保交通顺畅和安全，"红灯停，绿灯行"，这种有序的交替使车辆和行人能够在交叉口有序地通行，减少交通事故。

（2）协调性。

协调性是运动、动作连续变化的平衡艺术。它使系统中各要素失去了孤立存在的性质和功能，要素之间形成了相互依存的动态平衡关系。具体来说，首先，系统中的各个要素不是静止不变的，而是在不断地运动和变化的，这些变化可以涉及多个方面，包括位置、状态、属性等。协调性体现在如何在这些变化的背景下，保持系统内的平衡和有序，使变化不会导致系统混乱或失衡。其次，在具有协调性的系统中，各要素不再独立存在，而是相互联系和相互作用的，它们的存在和行为不仅影响自身，还影响其他要素。最后，要素之间的相互依存关系使系统内部形成动态平衡，一个要素的变化会影响其他要素，反之亦然。系统内的这种相互作用和平衡是动态的，会随着时间的推移和外部条件的变化而变化，但系统始终保持一种相对稳定的状态。下面以自行车刹车系统为例阐述系统的协调性。

设计案例 2-4 >>>
自行车刹车系统

自行车的刹车手柄、刹车线、刹车碟盘、刹车夹器等要素之间相互关联，失去了孤立存在的性质，共同构成了自行车刹车系统（图 2-8），它们的功能不再仅仅局限于自身，而是与其他要素的状态和行为相关。在骑行过程中，自行车刹车系统的各要素之间

图 2-8　自行车刹车系统

形成相互依存的关系。完成刹车动作需要经过"捏紧刹车手柄—拉动刹车线—刹车线传递力量—收紧刹车夹器—刹车碟盘减速—停车"这样一个协调有序的过程，该过程反映了自行车刹车系统各要素之间的协调有序，形成了一个功能协调合理的整体，从而确保自行车刹车系统正常运行。如果刹车线调整不当，可能会导致刹车不灵敏或刹车线过于紧绷，影响刹车效果。

（3）稳定性。

系统结构的有序性和协调性，使系统内部各要素之间的作用与依存关系产生惯性，呈现动态平衡状态，从而维持系统结构的稳定性。如移动通信系统，在网络的作用下，系统中各要素按某种秩序形成一个整体，各要素之间保持依存的关系，而且这种关系是稳定的、相互作用的。当移动通信系统中手机的需求量增加时，系统必须扩容，故负载能力加强，负载能力加强反过来又会促进系统结构优化。无论哪个环节发生变化，其他环节必然与之相适应，这就是系统内部通过涨落保持稳定。当稳定性被破坏时，系统就无法正常发挥功能，就会出现系统失效的情况。

2.3.3 功能

一定的结构，加上要素之间的连接、互动关系，使系统成为一个具备特定功能的整体。例如，汽车中任一零件都不能单独运动，但是组合成一个整体后，就具备了运动能力，可以以每小时120千米的速度在高速公路上行驶。通过与外部环境的交互，系统能够实现特定的活动、任务或响应，这些活动和响应组合在一起，形成了系统的功能。

如果把系统内部各要素相互联系和相互作用的方式或秩序称为系统的结构，那么与之相对应，把系统与外部环境相互联系和相互作用的过程的秩序及能力称为系统的功能。

对于一般系统而言，系统功能也可以表述为系统目标，它定义了系统存在的原因，指导系统的设计、组织和运行。举例来说，对于一个供应链管理系统，其系统目标可能包括优化库存管理、提高生产效率、改善供应链可见性、降低运输成本及提升用户满意度等，这些目标共同塑造了供应链管理系统的发展和运作方向。对于产品而言，在设计和开发一个产品之前，产品必须具备一定的功能，以满足用户的需求、解决用户的问题或实现特定的目标。换句话说，产品功能是产品存在的基础和前提，没有功能，产品就无法满足用户的期望，也难以在市场上获得认可。

当设计师在考虑和定义产品功能时，实际上就是在描述产品与外部环境之间相互作用、相互影响的能力。以口香糖包装瓶为例，其功能体现在与外部环境的互动和作用上，如保持口香糖新鲜、获取便捷、防止散落等，使用户能够在使用口香糖时享受到便利。口香糖包装瓶功能的实现是包装瓶内部特性的表现，同时，口香糖包装瓶是用户的日常生活和使用环境相结合的产物。

设计师在设计口香糖包装瓶时，首先要考虑的是用户的使用需求。便捷获取的结构创新和新颖的包装设计都是吸引消费者购买的重要设计维度。然而，如果考虑口香糖包装瓶与外部自然环境之间的相互作用和影响，那么口香糖包装瓶的设计应对外部环境的作用和影响更加友好。

设计案例 2-5 ≫
"绿色种子"环保口香糖包装瓶设计

这款有环保意识的口香糖包装瓶设计（图2-9），来自获得2010年iF设计奖的浙江大学工业设计系江功略。被咀嚼后的口香糖处理一直是令人头痛的问题，环保意识较高的人会细心地用纸片将其包好，然后丢弃到适当的地方。而缺乏环保意识的人在处理被咀嚼过的口香糖时可能给清理工作带来很大麻烦。优秀的设计应该规范用户使用产品时的行为，引导用户养成良好的使用习惯，并将环保意识融入产品的功能中。因此，这款被称为"绿色种子"的环保口香糖包装瓶设计应运而生。设计师巧妙地将瓶底设计成一个临时的存储空间，用一圈纸带将口香糖包裹其中，然后塞入瓶底，整个过程可轻松解决口香糖的处理难题。这个设计也融入了爱护环境、共同建设绿色家园的理念。

1. 系统功能是一个过程

系统功能是一个过程，这个过程涉及系统接收外部信息、处理信息和决策，然后产生相应的反应或效果，以实现系统的目标和预期，体现了系统对外部环境的作用能力，使系统能够适应和响应外部环境的变化和需求。而系统内部的要素、关系和相互作用定义了系统的功能边界和行为方式，故系统的功能归根到底是由系统内部结构决定的。总之，系统功能不仅仅是静态的特性，更是一个动态的过程。

系统功能的发挥既受环境变化的影响，又受系统内部结构的影响，在产品系统的设计和分析中，理解影响系统功能的这些方面可以帮助设计师更好地思考系统功能的实现，进而优化系统的运作和效果。例如，汽车制动系统是一个动态的过程，它涉及汽车在道路上行驶时减速和停车的过程，这个过程需要汽车与外部道路环境相互作用和响应。就汽车制动系统的内部结构而言，它的运作涉及踩下制动踏板、传递制动液、制动盘与制动片接触等多个步骤，这些步骤共同构成了整个制动过程的运动表现。而汽车制动系统的功能又受驾驶环境的影响，例如，在不同的路况、天气和交通情况下，汽车制动系统需要适应不同的减速需求。

图 2-9 环保口香糖包装瓶设计（图片来源：中国设计之窗）

2. 系统功能与系统环境

一般把系统之外的所有事物称为该系统的环境，包括外部条件、资源、过程和背景等，它们在系统的运作和发展过程中对系统产生影响。系统环境包括了一切与系统有关的外部元素，可以是物理的、社会的、经济的、技术的等多种因素，这些因素可能直接或间接地影响系统的功能、性能、行为和发展。

一个系统能否发挥作用，还要考虑这个系统所处的环境。例如，汽车在陆地上运行时，该系统是一个运行良好的系统；在水里或外太空时，这个系统就失效了。任何一个产品在设计开发之前，都需要充分考虑产品所处的系统环境，这是因为产品不是独立存在的，而是在某种特定的环境中被使用和交互。产品的功能、性能、可用性及产品与用户的交互方式都会受到环境的影响。因此，设计师在设计产品时需要深入了解并充分考虑这些环境因素，以确保产品能够在特定的环境中实现预期的目标和效果。

以设计一款智能手表时应该考虑的系统环境为例（图 2-10），需要考虑以下方面：①智能手表需要在各种天气下使用，从智能手表的物理使用环境看，需要考虑防水、耐磨等特性；②智能手表的连接方式（如蓝牙、Wi-Fi）需要根据用户所在地区的网络覆盖情况而定，以确保正常的数据传输和更新；③需要考虑智能手表使用的社会文化环境、经济环境、法律环境及用户的期望等，从而确定智能手表的外观造型，这是因为不同环境对于智能手表的外观、功能需求可能存在差异；④需要考虑目标市场的经济水平，从而进行合理定价，以确保智能手表的价格对消费者具有吸引力；⑤用户对智能手表的使用场景、

图 2-10　设计一款智能手表应考虑的系统环境

功能需求等期望会受到其生活方式和习惯的影响，需要根据这些因素进行智能手表的功能和交互设计。

除了上述的环境因素，从更加宏观和微观的视角来分析，智能手表的环境因素还包括其他方面，你可以继续列举吗？请展开深入思考。

在系统与其环境之间，通常存在物质、能量和信息交换（图 2-11），这种交换是系统与外部环境相互作用和影响的基础，系统在此基础上实现平衡，这对于维持系统的稳态和适应环境变化具有重要意义。

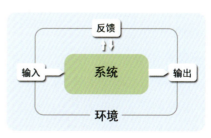

图 2-11　系统运行功能环境

图 2-12 吸油烟机（图片来源：老板电器官网）

设计专题训练 >>>
课堂讨论与思考

（1）吸油烟机（图 2-12）的系统环境是什么？
（2）从系统与环境相互作用和影响的角度思考吸油烟机的设计。
（3）请展开小组讨论，用思维导图的形式展示讨论结果，并提出可行的设计方向和思路。

2.4 子系统

2.4.1 子系统的概念

子系统是指系统中相对独立且有特定功能的部分，它可以被看作更大系统的一个组成部分。子系统通常具有自己的输入、输出、组件和相互作用，可以在系统层次结构中进一步细分。

子系统可以被视为一个相对独立的小型系统，具有局部性，它可以完成特定的任务或提供特定的功能，同时与其他子系统或系统的其他部分相互协作和互动。需要注意的是，子系统不是系统的任意部分，必须具有某种系统性。下面以华为全屋智能子系统为例进一步介绍子系统。

华为全屋智能提出了"1+2+N"解决方案，即"1 智能主机 +2 核心交互 +N 子系统"，全屋智能主机承担全屋智能大脑的职责，智能中控屏、智能开关可以实现一键批量配网、一键场景配置，同时联合十大子系统的丰富生态产品，实现快速组网、高质量联动等功能，可以帮助用户快速实现全屋智能化升级。通过"1+2+N"解决方案，华为全屋智能实现了从单品智能走向全屋智能，为用户提供更加智能化、个性化的科技产品和服务。全屋智能系统包含十大子系统，照明子系统、网络子系统、安防子系统、家电子系统等（图 2-13）。

在计算机系统中，内存管理可以被视为一个子系统。内存管理子系统负责管理计算机的内存资源，包括内存分配、释放、存储和检索。它与计算机其他子系统（如中央处理器、输入输出设备等）相互协作，共同支持计算机的正常运行。计算机主机的内存、显卡、主板、电源等都是独立的子系统（图 2-14），内存子系统负责存储正在运行的程序和数据，包括主内存和虚拟内存，内存子系统的性能影响计算机的响应速度和多任务处理能力；

图 2-13　华为全屋智能"1+2+N"解决方案（图片来源：华为官网）

【拓展视频】

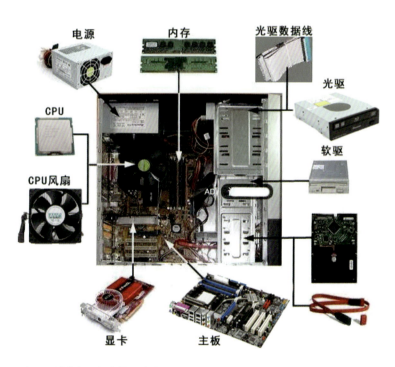

图 2-14　计算机主机内的子系统

显卡子系统负责处理图形和输出图像，包括图形处理器、视频存储器和显示输出接口，显卡子系统支持计算机的图形显示和多媒体处理；主板子系统是计算机各个子系统的连接中心，包括主板芯片组、总线、插槽和连接器，主板子系统使得各个子系统能够相互协作；电源子系统负责控制计算机的电力，确保计算机正常运行，包括电源单元和电源管理。

需要注意的是，系统的划分可以有不同的层次和粒度，该过程取决于系统的复杂性和划分需要。通过将系统划分为不同的子系统，可以更好地理解系统的结构、功能和相互作用，有助于进行系统设计、优化和维护。

2.4.2 子系统与要素的差异

要素是系统的组成部分，但要素的本质特征是具有基元性，相对于给定的系统，它是不能也无须再细分的最小组成部分，要素不具有系统性，不讨论其结构问题。子系统具有可分性、系统性，需要且能够讨论其结构问题。要素和子系统都是系统的组成部分，简称组分。

【在线答题】

2.5 系统的属性

2.5.1 系统的整体涌现性

系统整体具有的，部分不具有的特性，称为系统的整体涌现性。这一特性是在系统内部各组成要素相互作用和协同的过程中，产生的新的整体性质和行为，这些性质和行为不仅仅是各组成要素的简单叠加，而是由它们之间的相互关系和交互产生的。整体涌现性强调了系统的整体性质可能超越其各个部分性质的简单加和，从而产生出更为复杂和独特的性质。

系统的整体涌现性提醒我们不能仅仅从局部看待系统，而是需要考虑系统内部各要素之间的相互作用和关系，以及这些相互作用产生的新现象。蚁群是一个经常被用来解释整体涌现性的典型案例，蚁群中的每只蚂蚁都是相对简单的个体，它们具有有限的智慧，只能通过简单的信息传递与其他蚂蚁交流。然而，当成千上万只蚂蚁在为实现一个共同的目标而相互合作时，整个蚁群表现出了集体智慧，可以完成复杂的任务，如找到食物、建造巢穴等。这种集体智慧不是各蚂蚁智慧的简单总和，而是由它们之间的相互作用所引发的新现象。

系统的整体涌现性还有一种形象的比喻，即"1+1>2"，即整体大于部分之和。这里把整体涌现性归结为一个单纯的定量问题，但需要注意的是，整体涌现性首先是定性问题，整体涌现性实质上是指整体具有，部分或部分之和所没有的性质、特征、行为、功能等，该特征称为整体质或系统质，故不能用大于、等于或小于等量化关系来表达。例如，"三个和尚没水喝"就是典型的"1+1 < 2"效应。因此，整体涌现性的整体大于部分之和不能仅仅理解为系统的定量特征，还有系统的定性特征。

从系统层次结构看，整体涌现性是指那些高层次具有的，但还原到低层次就不复存在的属性、特征、行为、功能。贝塔朗菲借用亚里士多德的著名命题"整体大于部分之和"来表达整体涌现性。老子"有生于无"的著名论述是对整体涌现性的一种古老而又深刻的表述，即系统整体或系统的高层次所具有的新性质产生于原来没有这种性质的部分或低层次。

2.5.2 系统的规模效应

组成系统要素的数目和结构复杂程度代表系统的规模。因系统规模的大小不同，所带来的系统性质的差异，称为规模效应。

规模效应可以导致系统产生新的行为、特性或趋势，这些特性往往在较小的尺度下难以预测或观察。例如城市规模增大时，许多方面会出现非线性的变化，城市人口的增长可能提高人均生产率，带来更多的就业机会，以及更丰富的文化和娱乐活动，这种规模效应被称为"城市的经济磁性"，即大城市吸引了更多的人口和资源，从而进一步促进了城市的发展。又如在制造业中，规模效应通常与成本和生产效率有关，随着生产规模的扩大，单位产品的成本可能下降，这是因为生产过程中的固定成本能够分摊到更多的产品上，这种规模效应可以解释为什么大规模生产通常比小规模生产更具有竞争力。再如在社交平台中，随着用户数量的增加，用户之间的连接和信息交流也会增加，从而使社交平台更具吸引力，吸引更多的用户加入，社交平台的整体价值将会提升。这些例子表明，在不同领域，系统的规模效应可能会产生一些非线性的、出乎意料的结果。

【拓展视频】

2.5.3 系统的结构效应

不同的结构方式，即组分之间不同的激发、制约方式，会产生不同的整体涌现性。例如，碳元素是化学元素中非常重要的一种，碳原子可以通过不同的结构组成不同的物质（图2-15），它们被称为同素异形体，即由同种元素组成但结构不同的单质。金刚石具有非常稳定的晶体结构，每个碳原子与其他四个碳原子形成稳定的共价键，形成正六边形的晶体结构。金刚石可用于制作珠宝和工业切割工具。石墨的结构是层状的，每层中的碳原子通过共价键连接成六边形，不同层之间的吸引力较弱，故层与层之间可以相对滑动，因此石墨具有润滑性，可用于制作铅笔芯和润滑材料。这个例子告诉我们碳原子通过不同的结构，可以构建出不同性质和用途的物质，从而表现出丰富多样的物理特性。

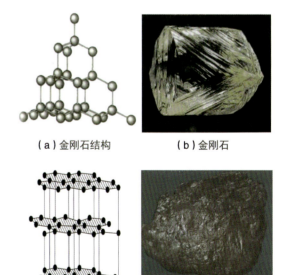

图2-15 碳原子的不同结构组成不同的物质

2.5.4　系统的层次性

复杂系统不可能一次完成从要素性质到系统整体性质的涌现，需要通过一系列中间层级的整合而逐步涌现，每个涌现层级代表一个层次，每经过一次涌现形成一个新的层次。这个概念强调了系统整体性质的涌现不是各个元素的性质通过简单地加和得来的，而是通过要素之间相互作用、协同和组织的方式产生的，这种涌现可能会经历一系列层次，每个层次都代表着更高级别的结构和功能。

下面以生态系统中的涌现过程（图 2-16）为例说明系统的层次性。

层次一：生物个体。
一个生态系统的基本组成是生物个体，如植物、动物等，每个个体都有自己的生命周期、特性和行为。

层次二：生物种群。
生物个体聚集成种群，即同一物种的个体在同一地区的集合。种群内的相互作用可以影响种群的数量、分布和行为。

层次三：生物群落。
不同种群共同生活在某一特定地区形成了生物群落，生物群落涌现出特定的相互作用、竞争和合作关系，形成一个更大规模的生态系统。

层次四：生态系统。
生物群落与环境之间相互作用并产生能量流动形成了生态系统，如森林、湖泊等。生态系统的整体性质不仅取决于其中的生物个体，而且还取决于它们之间的相互作用、资源循环和能量流动。

层次五：地球生物圈。
地球上所有的生态系统组合成地球生物圈。地球上的生态系统相互影响，共同维持了生命的存在和生态平衡。地球生物圈涌现出了一系列复杂的生态系统、地理环境和气候模式。

在这个例子中，从生物个体到地球生物圈的每个层次都代表了涌现的过程，其中整体性质是通过不同层次的相互作用产生的。该过程可以应用于不同的领域，如社会系统、经济系统、科技领域等，以帮助我们更好地理解复杂系统的性质和演化。

图 2-16　生态系统中的涌现过程

2.6 系统的特征

2.6.1 整体性

系统是两种或两种以上要素的集合，系统中的各个部分相互关联、相互作用，共同构成了系统的特征、功能和行为。整体性强调系统内部各个部分之间相互关联和协调，这些部分共同合作形成了一个更大的有机单元。例如，森林生态系统包括了森林中的各种生物（植物、动物、微生物等）及它们之间的相互关系。生态系统的健康和稳定不仅取决于每个个体的特性，而且还受到它们之间的相互作用和关系的影响。

2.6.2 关联性

关联性指的是系统中各个部分之间的相互关系和相互作用。一个部分的变化可能影响其他部分，从而使整个系统的行为因此改变。例如，天气系统就体现了强烈的关联性特征，大气、海洋、地表等不同部分相互作用，产生天气的变化。气温、湿度、气压等因素相互影响，形成复杂的天气系统。如果一个区域的温度突然出现变化，则可能会影响气压分布，从而引发风的变化，最终影响天气情况。

2.6.3 动态性

系统的动态性是指系统的状态和行为随着时间的推移而变化。这意味着系统不是静态的，而是处于不断变化之中的。动态性强调系统的非静态性质，系统可能经历周期性的变化、趋势性的演变，还可能受突发事件的影响等，这些变化可能是系统自身内部因素和外部环境因素共同作用的结果。以经济系统的动态性为例，经济系统中存在各种因素和变量，生产、消费、投资、就业、价格、利率（内部因素），以及政府政策、国际贸易、自然灾害（外部因素）都会影响经济系统的变化。在系统思维中，理解系统的动态性有助于预测系统的未来状态，捕捉系统变化的趋势，从而更好地进行规划和决策。

2.6.4 有序性

系统的有序性指的是系统内各个组成部分之间存在一定的规律、结构或组织，从而使系统的行为、关系和性质呈现出一定的可预测性、规律性或稳定性。以智能手机为例，其产品系统由多个关键组件和软件模块构成，处理器负责高效处理计算任务，摄像头专注于捕捉精准的图像和视频，操作系统则统筹管理所有组件，确保系统平稳运行，提升用户体验。这种紧密的功能分工和协作使得智能手机能够有序实现拍摄、通信等功能，充分展示了系统的有序性。

2.6.5 目的性

在一个系统中，为了实现共同的目标或达到特定的目的，各组成部分之间通常相互协调和合作。目的性强调系统的活动是有目的、有意义的，而不是无目的的随机行为。例如，公司的各个部门和员工之间的协作、组织和流程安排，通常是为了实现公司的经营目标，如盈利、市场份额的增长、提升客户满意度等，这些部门和员工的活动都是有目的性的，旨在达到公司设定的目标。

习 题

1. 填空题

(1) 系统是由若干_____以一定_____连接构成的具有某种功能的_____。

(2) 系统组成三要素是指_____、_____和_____。

2. 多选题

(1) 系统的属性包括(　　)。

A. 系统的整体涌现性　B. 系统的规模效应

C. 系统的结构效应　　D. 系统的层次性

(2) 系统的特征包括(　　)。

A. 整体性　　　　　B. 关联性

C. 动态性　　　　　D. 有序性

E. 目的性

3. 名词解释

(1) 子系统。

(2) 系统功能。

4. 思考题

洗衣机的系统环境是什么?

第 3 章
产品系统及其发展

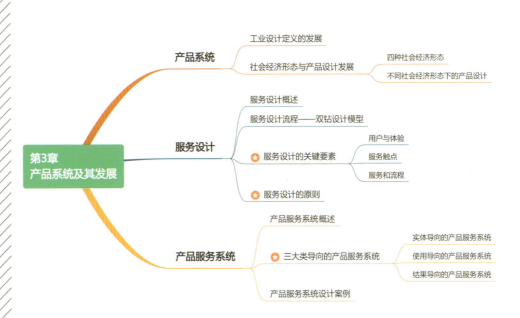

3.1 产品系统

3.1.1 工业设计定义的发展

1970年国际工业设计协会（International Council of Societies of Industrial Design, ICSID）为工业设计作了如下定义。

工业设计，是一种根据产业状况决定制作物品之适应特质的创造活动。适应物品特质，不单指物品的结构，而是兼顾用户和生产者双方的观点，使抽象的概念系统化，完成统一而具体化的物品形象，即着眼于根本的结构与机能间的相互关系，其根据工业生产的条件扩大了人类环境的局面。

1980年国际工业设计协会给工业设计更新了定义。

就批量生产的工业产品而言，凭借训练、技术知识、经验及视觉感受，赋予材料、结构、构造、形态、色彩、表面加工、装饰以新的品质和规格，该过程叫作工业设计。根据当时的具体情况，工业设计师应当在上述工业产品全部侧面或其中几个方面进行工作，而且，若工业设计师对包装、宣传、展示、市场开发等问题的解决付出自己的技术知识和经验及视觉评价能力，则也属于工业设计的范畴。

2006年国际工业设计协会给工业设计又作了如下定义。

工业设计的目的——设计是一种创造活动，为物品、过程、服务及它们在整个生命周期中构成的系统建立起多方面的品质。因此，设计既是创新技术人性化的重要因素，又是经济文化交流的关键因素。工业设计的任务——设计致力于发现和评估与下列项目在结构、组织、功能、表现和经济上的关系：增强全球可持续性发展和环境保护（全球道德规范）；给全人类社会、集体和个人带来利益和自由；在世界全球化的背景下支持文化的多样性（文化道德规范）；赋予产品、服务和系统以表现性的形式（语义学）并与它们的内涵相协调（美学）。

2015年，国际工业设计协会在韩国光州召开的第29届年度代表大会上，将"国际工业设计协会"正式更名为"世界设计组织"（World Design Organization, WDO），会上还宣布了工业设计的最新定义。

工业设计旨在引导创新、促进商业成功及提供更高质量的生活，是一种将策略性解决问题的过程应用于产品、系统、服务及体验的设计活动。它是一种跨学科的专业，将创新、技术、商业、研究及消费者紧密联系在一起，共同进行创造性活动，并将需解决的问题、提出的解决方案进行可视化处理，重新解构问题，并将其作为建立更好的产品、系统、服务、体验或商业网络的机会，以提供新的价值，提高竞争优势。工业设计是通过其输出物对社会、经济、环境及伦理方面进行回应，旨在创造一个更美好的世界。

从1970年到2015年，我们可以清晰地观察到工业设计的定义在不同阶段发生了变化。最初，工业设计关注产品的适应特质和功能性，视其为满足产业需求的创造性活动，重点放在产品的结构和生产条件上。随着工业的进一步发展，设计逐渐强调产品的外观、色彩、形态等方面，并扩展至市场、宣传等领域，这一转变反映了社会、技术和文化的发展。随着科技与社会的持续发展，工业设计不再局限于功能和美学，而是拓展到用户体验、创新和可持续性等多个维度。2015年提出的最新定义强调了工业设计的核心作用是引导创新、促进商业成功和提升生活品质，这一转变表明工业设计跨学科地整合了创新、技术、商业、研究和用户等元素，旨在通过解决问题来构建更优秀的产品、系统、服务和体验。

3.1.2 社会经济形态与产品设计发展

1. 四种社会经济形态

设计对象的变化与经济形态的变迁密不可分。1998年，美国学者B.约瑟夫·派恩二世与詹姆斯·H.吉尔摩最先在学术界正式提出体验经济，并于1999年合作出版《体验经济》一书，同时在书中提出了四种社会经济形态（表3-1）。

表3-1 四种社会经济形态

经济形态	经济产出	主要特点
原始经济	生存、生产相关的产品	手工制作：使用自然原材料，手工制品
工业经济	工业产品	工业生产：工业化、批量化生产，工业产品
服务经济	服务	定制化：服务业，无形活动
体验经济	体验	个性化：独特、有价值的体验，感受和经历

（1）原始经济。这是人类历史上最早的经济形态，主要依赖于农业生产。社会以农业为主要生产方式，人们通过种植、养殖和采摘来满足基本生活需求。

（2）工业经济。工业经济的核心是大规模发展制造业。工业革命催生了生产线、大规模生产和标准化生产，推动了经济的增长和发展。

（3）服务经济。在这个阶段，制造业逐渐减少，服务业开始兴起。人们开始将重点放在为他人提供服务上，如零售、银行、教育等。这个阶段的特点是服务成为经济增长的主要引擎。

（4）体验经济。体验经济是《体验经济》一书中倡导的最新经济阶段。在这个阶段，消费者不是仅仅购买产品或服务，更是为了获得愉悦、情感、刺激和记忆等丰富的体验。企业通过创造独特和有价值的体验，赋予产品和服务以更高的附加值，建立品牌忠诚度并提高盈利。

2. 不同社会经济形态下的产品设计

社会经济形态的变迁深刻影响着产品的设计，每个社会经济形态都在塑造人们的需求、价值观和期望，而这些因素又直接影响产品的设计与创新。

（1）原始经济阶段的产品设计。在这个时期，产品设计的主要关注点是满足人们基本的生存和使用需求。人们的需求主要集中在食物、衣物和住所等基本领域，因此产品设计着重考虑功能性、耐用性和适应性。典型的例子是古代农具（图3-1），如收割工具，设计师的目标是创造出实用、耐用的农具产品，以帮助人们提高生产效率。

图 3-1　二十世纪六七十年代的生活用品和农具

(2) 工业经济阶段的产品设计。随着工业化的兴起，产品的大规模制造和生产成为可能。这提高了产品生产效率，但也加剧了市场竞争。在这一阶段，产品设计开始注重差异化和市场营销，设计师努力使产品在外观、形态和材料方面与众不同，以便使产品在竞争激烈的市场中脱颖而出。例如在工业经济时代，汽车（图 3-2）不再仅仅是交通工具，还是身份和社会地位的象征，汽车设计强调外观、品牌标识和驾驶体验，以满足用户的个性化需求。

图 3-2　凯迪拉克（1948 年）

(3) 服务经济阶段的产品设计。随着服务在经济中的重要性不断增加，产品设计逐渐将焦点转向用户体验。在这个阶段，产品不再仅仅是实物，还包括与之相关的服务。设计师开始思考如何通过整合服务元素，为用户创造更愉悦的使用体验，这就需要设计师与市场营销专员、用户研究专员等合作，共同构建丰富的用户体验。例如，餐厅的装饰、服务流程，以及与顾客互动的方式，都成为设计的要素，像瑞幸咖啡这样的咖啡连锁店（图 3-3）的设计就不仅仅是为了提供咖啡，还营造了一个社交和放松的环境。

(4) 体验经济阶段的产品设计。在体验经济中，产品设计的核心在于创造令人难忘的体验。用户不仅仅是购买产品，更是为了获得情感、刺激和有价值的体验。因此，设计师必须深入了解用户的情感需求，并将情感和情感元素融入产品的设计中，通过讲故事进行情感连接和互动，从而建立更深层次的用户关系，提升品牌价值。

图 3-3　瑞幸咖啡连锁店（图片来源：百度百科）

综上所述，社会经济形态的转变深刻影响产品设计的发展，这种演变过程展示了产品设计从简单的功能性向更加注重体验和情感连接的转变。随着社会经济形态的变化，人们的需求和期望也在发生变化，从而引导了产品设计方向的变化。

通过工业设计定义的发展变化和不同社会经济形态下产品设计内容的转变，如今工业设计的对象已经包含了产品、服务、体验、产品服务系统、产品服务生态系统等内容。

3.2 服务设计

3.2.1 服务设计概述

"服务设计"一词的提出和发展是一个逐步演进的历程，吸纳了多学科和领域的贡献。早在20世纪80年代，一些设计师就开始逐渐认识到传统的产品导向思维不足以完全满足服务行业的需求，他们开始聚焦于服务的特性和独特之处，探索如何提升服务的品质、效率和用户体验。

服务设计概念正式从设计学领域提出，要从1991年比尔·霍林斯夫妇的著作 *Total Design* 算起，该书描述的是服务作为一种产品该如何被设计，并对服务设计作了描述："服务的设计既可以是有形设计，也可以是无形设计。它可以是所涉及的服务及载体本身，也可以是其他包括传达、环境和行为所引出的物的设计。"

在众多学者中，G.林恩·肖斯塔克（图3-4）在服务设计和服务创新领域作出了显著的贡献。她在论文 *How to Design a Service*（1982）和 *Designing Services That Deliver*（1984）中首次引入了"服务设计"这一概念，通过书籍和论文等途径，为服务设计的早期

图 3-4 G.林恩·肖斯塔克

发展贡献了重要力量。因此，她也被国际学者广泛认可为最早提出"服务设计"概念的学者之一。

她在研究中提出了"服务触点"概念，强调了服务设计中服务提供者与被服务者之间直接互动的重要性。她认为，被服务者在服务触点的体验和感受对于服务质量和满意度至关重要，通过专注于优化服务触点的设计，可以提高服务的效果和满意度。此外，她还引入了服务蓝图的方法，并以擦鞋服务为例首次提出和运用服务蓝图进行服务提升（图3-5）。

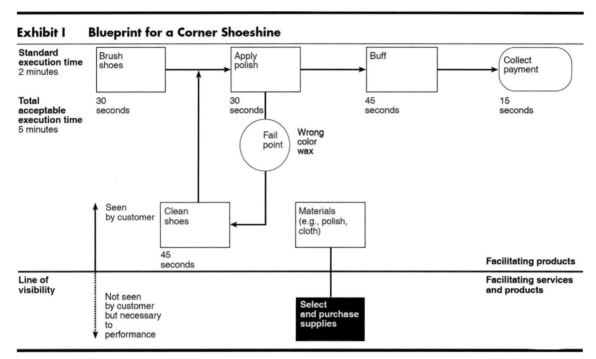

图 3-5　G. 林恩·肖斯塔克提出的以街角擦鞋服务为例的最初服务蓝图（1984 年）

通过使用服务蓝图，共同识别和展示产品和服务，并通过可视化的服务流程、提供服务者和被服务者的角色划分、产品和服务的模块划分、服务的证据和服务的可视与不可视划分、提供服务者行为的时间效率等方面，发现其中使服务失败的因素，并从工程的理念出发创建更好的服务，以便提高服务效率和利润率。

【拓展视频】

在服务设计领域作出重要贡献的另一位学者是伯吉特·玛格，她是德国科布伦茨应用技术大学的教授，负责服务设计学科的教学和研究。她积极推动服务设计教育的发展，培养具备服务设计思维和实践技能的专业人才，致力于帮助学生和从业者理解并应用服务设计的原则、方法和工具。作为国际服务设计联盟的创始人之一，伯吉特·玛格不仅为服务设计领域的学术研究作出了贡献，而且还为实践交流搭建了平台，该联盟举办国际性研讨会、会议和培训活动，为服务设计从业者提供了一个分享经验、探讨最新研究成果和发展趋势的平台。她的定义里，服务设计可以让提供的服务变得可用、有用、有效、高效和令人满意，服务设计并不是无法触及的，也不仅仅是用户的感受。相反，服务设计是真实的事物，设计师们将其称为触点。因此服务设计项目是一个战略项目，该项目是基于用户研究、协同式想法生成、早期原型构建及用户测试之类的设计方法来提供用户真实需求的服务，这些方法将复杂问题简化，并且提供着眼未来、具有成本意识的解决方案。除此之外，伯吉特·玛格还提出了一种被称为"服务设计流程"的方法和工具，这个流程涵盖了一系列阶段和活动，包括用户研究、需求分析、概念开发、原型制作及实施等，旨在帮助设计师和团队在服务设计项目中进行系统化的思考和实践。

除了上述关于服务设计的相关定义，2018 年，中华人民共和国商务部、财政部和海关总署联合发布的《服务外包产业重点发展领域指导目录（2018 年版）》对服务设计也作了如下定义。

服务设计服务是以用户为中心、协同多方利益相关者，通过人员、环境、设施、信息等要素创新的综合集成，实现提供服务、流程、触点的系统创新，从而提升服务体验、效率和价值的设计活动。

综上所述，服务设计是一种思维和方法。它的独特之处在于对无形的服务"旅程"和"体验"的全局思考和创新设计，必须依赖的手段是有形的"场景"和"触点"设计。 【拓展视频】

3.2.2 服务设计流程——双钻设计模型

在服务设计流程方面，双钻设计模型（图 3-6）是英国设计委员会在 2005 年推广的一种设计过程模型，它改编自语言学家贝拉·H.巴纳锡在 1996 年提出的"发散－收敛"模型。用双钻设计模型进行结构化思考，可以辅助个人或团队，在新设计项目中取得成功。双钻设计模型的核心是发现正确的问题和发现正确的解决方案，是梳理用户需求和寻找解决方案的有效工具。该模型将设计过程分为四个阶段："钻石一"的"发现"和"定义"阶段用以研究与合成问题，"钻石二"的"发展"和"交付"阶段用以构思创意和实施方案。

1. 发现阶段

在发现阶段，我们从用户和企业的角度出发，通过文化分析、场景模拟、用户访谈、组织焦点小组及伴随观察等方式深入了解用户需求、问题，寻找服务机会。这个阶段是一个开放性的过程，要求服务设计者摒弃自身的经验，以全新的视角，类似旁观者的心态去观察和感知新事物，从中获取灵感。除了深

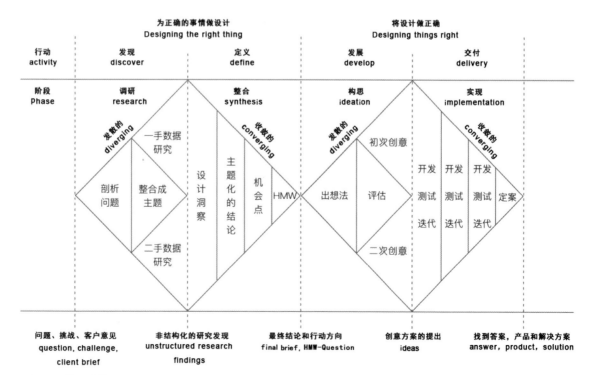

图 3-6　双钻设计模型

入了解用户需求外，对企业或品牌的诊断也至关重要。通过与决策者的交流、价值定位、服务与竞品分析，从项目视角扩展到行业或生态视角，有助于拓展设计者的认知边界。掌握更多相关信息对于后续产品或服务的开发至关重要。

2. 定义阶段

定义阶段是对发现阶段的结果进行分析，明确提供的服务与活动细节，并将发现阶段的结果归纳为机会点。定义阶段是对产品战略和产品意义的重新认知和定位，是一个收敛的过程。此外，还需要梳理并确认各个利益相关者的信息，确保新的机会点符合他们的兴趣和需求。在定义产品或服务之前或之后，精准定义用户同样是非常重要的任务。

3. 发展阶段

发展阶段有时也称设计阶段或深化阶段。发展阶段是另一个开放性的过程，该阶段的主要任务是进行设计开发与提出解决方案。问题的解决可能有多种途径。有的方案侧重于解决问题，有效应对当前挑战，这是一种保守型方案；有的方案着眼于创新，为用户带来惊喜，这属于创新型方案；还有的方案关注用户情感，以用户为中心进行设计，这是注重用户体验的方案。设计者需要将服务方案可视化，并通过选择或设计相应的有形展示来实现可视化，同时进行小范围的原型测试。根据测试结果，优化服务设计方案，找到解决问题的最佳途径。

4. 交付阶段

交付阶段也称实施阶段或传递阶段。首先，交付阶段需要确定将产品或服务推向市场的合理途径；确认设计方案是否与企业或品牌的战略目标和发展阶段相符；确认设计方案是否与企业的实际能力相匹配。这些问题需要通过更接近市场的方式进行反复测试和推敲，以找到当前最有效的实施方法。

3.2.3 服务设计的关键要素

服务设计是一种以用户为中心的设计方法和过程，通过深入了解用户需求、期望和行为，将用户的视角融入设计过程，创造和提供有价值、有意义且愉悦的服务体验。服务设计关注设计和改进服务的各个方面，包括服务的内容、交互过程、服务触点、环境和体验，以满足用户的需求，并在商业层面上凸显可行性和竞争优势。在开展服务设计过程中，需要关注用户与体验、服务触点、服务和流程三个服务设计的关键要素（图3-7）。

图3-7 服务设计的关键要素

1. 用户与体验

了解用户需求、期望和行为是服务设计的核心。通过深入的用户研究，设计者能够洞察用户，从而合理地开展设计过程。例如，在设计用户注册界面（图3-8）时，通过设置合适的首选项、适时帮助、及时反馈和提供默认值等设计策略，用户注册界面将更好地满足用户的期望，降低用户犯错的可能性，提升用户注册的顺利程度。这些设计思考和细节有助于增强用户体验，促进用户积极参与，并提高注册成功率。

图 3-8　用户注册界面

2. 服务触点

"接触－感受－行动"是用户在决策购买产品时的简明流程，其中，"接触"作为产品与用户产生连接的第一步骤，其重要性毋庸置疑。在服务设计中，触点指的是用户与服务提供者之间互动和接触的点或场景。触点可以是物理的、数字的或情感的，涵盖了用户与服务的各个接触和交互环节。

触点存在于品牌、产品、服务等各个环节，包括线下门店、网站、应用程序，以及用户得到的服务和使用的产品。这些触点不仅可以触及五感，而且可能影响用户的心理感知，整体构建了用户对品牌、产品、服务的初印象，并随后演化为用户体验的媒介，这对引导用户的后续行动至关重要。

触点思维的核心在于重视产品与用户产生信息连接的每个点；从用户的真实路径出发，通过连接时间与空间，串联各个点，形成交互行为；通过路径分析与综合考虑，确定哪些点最适合传递信息，以及哪些地方可能导致用户的"行为摩擦"，从而揭示问题的核心；最终，在明确定义的触点位置，思考如何最大化实现信息的感知效果。

触点的设计是为了提供愉悦、无缝和一致的用户体验，以满足用户的需求和期望。触点的设计需从以下几个方面综合考虑。

（1）要了解用户在每个触点上的需求和期望，有针对性地设计触点，以提供更好的用户体验。

（2）要考虑触点在整个服务过程中的一致性和连贯性，使用户在不同的触点上获得相似的信息、品牌形象和服务体验。例如，一个电子商务平台的网站和应用程序的界面风格应该保持一致，使用户能够在不同设备上无缝地购物和交互。

（3）触点之间的过渡和流程应该是无缝的，以确保用户体验的连贯性。

（4）触点的设计应该注重可用性和易用性，使用户能够轻松地理解和操作，包括界面设计、标签和指示、反馈机制等。

(5）触点的设计还应该考虑用户的情感体验和情感连接，通过创造积极、愉悦和有情感共鸣的触点，建立用户与品牌、产品、服务的情感连接，加强用户忠诚度和品牌认可度。

综上所述，触点的设计是为了提供愉悦、无缝和一致的用户体验。通过了解用户需求和期望，保持用户体验的一致性和连贯性，设计流畅的过渡和流程，注重可用性和易用性，并关注情感体验和情感连接，设计师可以创建出令人满意的触点，提升整体服务体验。

3. 服务和流程

服务和流程的设计直接影响服务设计的质量。服务蓝图是一种工具，可用于可视化服务过程中的各个环节。通过绘制服务蓝图，设计者可以发现潜在的问题和改进点，从而优化服务流程。例如，在设计银行服务时，设计者可以绘制服务蓝图，识别出等待时间过长、信息传递不畅或流程冗杂等问题，并提出改进建议，以提高客户满意度和服务效率。

通过绘制服务蓝图，设计者能够在不同层次上探索服务体验，从用户角度出发，关注内部的运作。例如，在设计"滴滴出行"服务时，设计者可以通过绘制服务蓝图来更好地理解用户在叫车、支付、行程中的各个步骤，同时考虑司机的参与、系统的匹配和支付等问题。

综上所述，服务是行为、活动和过程的交织。将焦点集中于用户与体验、服务触点、服务和流程这三大关键要素，为服务设计提供一个全面而系统的设计框架，是实现一次完善的服务设计的基础。在设计服务时，从用户的角度出发，对服务触点进行设计和优化，再深入分析服务和流程的各个环节，确保设计出令用户满意、流程顺畅的高质量服务，最大限度地满足用户需求，提升用户体验，实现商业目标。

3.2.4　服务设计的原则

基于大量的案例和讨论，雅各布·施耐德和马克·斯迪克多恩总结出了服务设计的五大原则，丁熊、刘珊在《产品服务系统设计》一书中对这五大原则作了如下解读。

（1）以用户为中心。服务设计始于对用户需求和体验的关注。通过用户研究方法和工具，如用户观察、问卷调察、焦点小组访谈、同理心和角色扮演，了解用户的真实需求和潜在需求。以此为基础，开发出用户希望使用、能够使用，且易于用户使用的服务产品，而不是设计出需要用户学习和适应的产品。

（2）共同创造。在服务设计的初期阶段，需要组织所有利益相关者，包括用户、服务人员、企业管理人员、设计者、第三方供应商等，集思广益，共同讨论并参与设计新的服务内容、流程等，确保服务能够更好地满足用户需求和期望。

（3）服务表现形式。产品是有形的，而服务是无形的。无形的服务必须通过各种有形的、可视化的、可触摸的产品来呈现，以便设计者及其他参与者在策划阶段进行沟通和优化。这也有助于确保服务在生产、传递和消费阶段能够被用户感知和使用。

（4）流程设计。服务设计是对连续、完整流程的设计，涵盖服务前、中、后的整体逻辑关系，以及每个触点的设计。

(5) 系统设计。在服务科学的视角下，服务被看作一个系统工程，包括前台和后台、内部管理和外部管理等方面。这些方面可以被视为系统内部独立的子系统，子系统与整个系统及子系统彼此之间都存在紧密的联系。只有将服务、产品或企业的价值主张和品牌理念贯穿于每一个触点的流程中，才能保持系统的完整性。

【在线答题】

3.3　产品服务系统

3.3.1　产品服务系统概述

在 20 世纪末，联合国环境规划署提出了产品服务系统（Product Service System, PSS）的概念，旨在以生态环境可持续发展为出发点，通过服务来有效减少物质资源浪费，提高环境效益。具体而言，产品服务系统鼓励企业从提供物质形态的产品转变为提供产品功能或结果，使用户无须拥有或购买物质产品本身。这一理念推动了传统生产和消费模式的转型，满足了可持续发展的需求，对经济、社会和环境都具有重要意义。

从服务设计角度看，产品服务系统通过整合资源来满足用户需求，同时增加服务、减少消费过程中的物质流，以实现对环境的友好。米兰理工大学的埃佐·曼奇尼认为，产品服务系统具有潜在的生态功效，它将以往分散的资源优化转变为单个产品生命周期内的资源优化，进而到更广泛的、系统的资源优化。

在设计与操作层面，蒙特和阿诺德·图克从系统论的角度出发，强调产品服务系统将有形的产品和无形的服务有机结合在一起，以此来解决环境问题。阿诺德·图克对产品服务系统作了深入研究，并在他的论文中详细阐述了三大类导向的产品服务系统，即"实体导向""使用导向"和"结果导向"，产品服务系统如图 3-9 所示。

图 3-9　产品服务系统

3.3.2 三大类导向的产品服务系统

根据产品服务系统的概念，任何广义的产品都包含实体和服务两部分内容。在三大类导向中，从实体导向过渡到结果导向时，实体部分逐渐减少，服务部分逐渐增多。这里所说的实体可以是硬件产品，也可以是软件产品，而服务通常指人工服务。"实体＋服务"是构成产品服务系统这一概念的基础。下面依次探讨三大类导向的产品服务系统的特征。

1. 实体导向的产品服务系统

这类产品服务系统以实体为主，只包含少量服务。产品的服务与实体部分紧密相关，旨在使用户能够顺利地使用产品。如一瓶可乐与其瓶身上的客服电话，一台空调及其上门安装、维修服务，一辆汽车及其保修、保养服务等。

2. 使用导向的产品服务系统

使用导向的产品服务系统与实体导向的产品服务系统的区别在于使用导向的产品服务系统提供给用户的不是产品的所有权，而是产品不同时间的使用权。由于用户购买的并不是实体产品，因此产品相关的配套服务会更多，以确保用户顺利使用产品。例如，当用户有骑行需求时，满足他们的产品是一辆"哈啰单车"一定时长的使用权，其配套的服务包括单车的维护、保养、调度等，还要有二维码和使用平台供用户随时随地扫码骑车（图 3-10）。

3. 结果导向的产品服务系统

结果导向的产品服务系统以服务为主，用户购买的不再是一个实体，而是一种结果，实体只是达成结果所需要的过程或媒介。

典型的例子是大多数公司都在实施的保洁工作外包项目。公司采购的是服务，只要能获得办公环境整洁干净的结果即可，而相应的外包合同通常包含把握服务质量的考核指标。如网络广告的投放业务，广告最终须按照点击量、成交量等某些结果付费。再如人们去医院体检时，按照体检项目来付费也属于这个模式。

【拓展视频】

图 3-10　哈啰单车产品服务

通过以上具体的产品案例，我们可以更深入地理解产品服务系统的特征。无论是共享汽车服务、家居设计解决方案，还是健康追踪设备，其产品服务系统的核心都在于将产品与服务紧密结合，为用户创造多元化、个性化和有价值的体验。这种商业模式不仅满足了用户的需求，而且促进了可持续发展和创新。

3.3.3　产品服务系统设计案例

设计案例 3-1 >>>
"回忆家园"——机构模式下失智老年人认知提升的产品服务系统设计
（设计者：李高原）

在全球老龄化趋势日益加剧的背景下，老年人的心理健康与生活质量的提升成为社会亟待解决的问题。"回忆家园"产品服务系统设计在此背景下产生，该设计运用回忆疗法，并结合生成式人工智能技术，为老年人构建出个性化的数字回忆场景与实体怀旧空间。这种创新模式旨在减缓失智症的病情发展，同时提升老年人的情绪福祉，为他们的晚年生活增添一份温馨与慰藉。

1. "回忆家园"产品服务系统规划

经过对老年人需求的深入分析，将"回忆家园"产品服务系统功能（图 3-11）作了如下定义和规划：首先，该系统将为老年人提供一个安全舒适的环境，创造一个温馨的体验空间；其次，系统将强化老年人间的信任与沟通，并给老年人提供情感支持，以增进老年人的归属感和满足感；最后，系统须具备高度的易用性和有效的沟通渠道，确保老年人能够轻松便捷地获取所需服务。此外，该系统还将致力于提供个性化体验、持续关怀与支持、多团队协作治疗、适度的社交互动和有意义的活动，以满足老年人多样化的需求（图 3-11）。

在研究和确立"回忆家园"产品服务系统的各项功能后，绘制了服务蓝图和产品服务系统图，以全面、细致地展现老年人在服务过程中的体验流程。

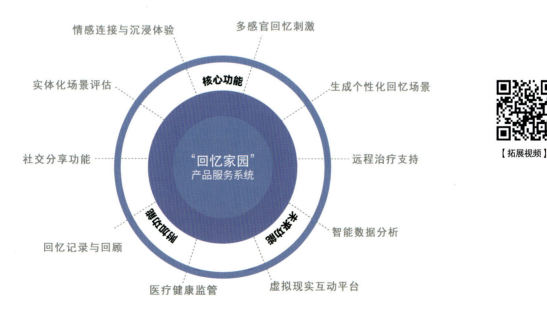

图 3-11　"回忆家园"产品服务系统功能

（1）"回忆家园"服务蓝图。

"回忆家园"服务蓝图（图3-12）不仅详细描绘了老年人行为，如参与个性化回忆场景的构建、享受情感支持及参与社交互动等，而且明确了前台员工的服务职责，如欢迎与指导、面对面沟通评估等。同时，服务蓝图详细展示了后台员工的支持工作，如环境布置与安全检查、记录老年人信息与协调治疗计划等。服务蓝图中的互动分界线、可视分界线和内部互动线进一步明确了老年人、前台员工、后台员工之间的角色界限和互动方式，确保了服务流程的顺畅运行。

（2）"回忆家园"产品服务系统图。

绘制"回忆家园"产品服务系统图（图3-13），深入剖析并全面呈现产品服务系统的运作机制和核心价值。"回忆家园"产品服务系统图不仅详细描绘了产品本身的特性和功能，而且强调了与之相辅相成的服务体系，共同构建了一个满足老年人怀旧情感与实用需求的综合解决方案。

（3）"回忆家园"产品服务流程。

"回忆家园"产品服务流程的设计以"为老年人带来前所未有的治疗体验"为目标，

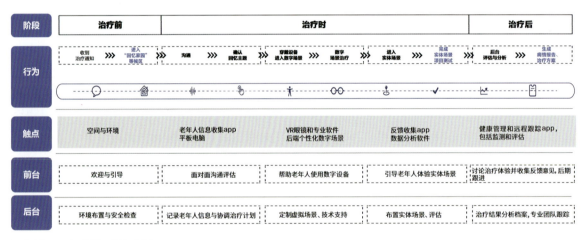

图3-12 "回忆家园"服务蓝图

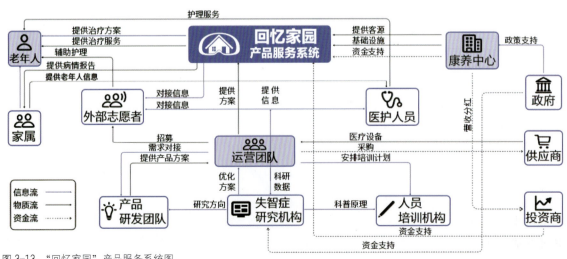

图3-13 "回忆家园"产品服务系统图

整个流程精心划分为四个关键空间：沟通区域、数字沉浸区域、实体体验区域和效果评估区域，并辅以合理的流程设计和空间布局。

① 沟通区域。该区域可供工作人员与老年人展开深度对话，通过细致地沟通，工作人员能够精准把握老年人的治疗需求与期望，同时老年人能对未来的治疗体验产生合理的预期，为后续的个性化体验打下坚实基础。

② 数字沉浸区域。基于前期对老年人的深入了解，在数字沉浸区域为老年人生成量身定制的数字场景（图 3-14）。老年人佩戴 VR 眼镜，仿佛穿越时空，置身于那些充满回忆的虚拟世界。工作人员全程陪同引导，确保老年人获得直观、生动且个性化的视觉体验。

图 3-15 "回忆家园"实体体验区域

图 3-14 "回忆家园"数字沉浸区域为老年人生成量身定制的数字场景

③ 实体体验区域。在数字沉浸区域体验后，老年人将步入由珍贵老物件构成的实体体验区域（图 3-15）。这个空间是由"回忆家园"的工作人员通过收集全国各地的老物件拼凑出来的空间，充满了岁月的痕迹，老年人可以通过触摸、嗅闻等方式全方位地感受这些物件所带来的情感冲击。实体空间的设立补

全了数字空间在其他感觉上的缺失，为老年人带来更沉浸的体验感，尽管数字空间有着天马行空的场景，但是数字空间仅有的视觉、嗅觉是远远不够的，缺少了其他感觉的加持而显得过于单薄，因此需要用"实体空间 + 数字空间"的方式来相互补充，共同组成沉浸式的回忆体验。此外，该区域还特别设置了针对老年人的健康测试（图 3-16），以全面评估老年人的健康状况。

④ 效果评估区域。治疗流程的最后一站，是效果评估区域。老年人、工作人员及家属将在此共同回顾整个治疗过程，分享心得与感受。通过深入讨论与交流，全面了解老年人

图 3-16 "回忆家园"健康测试场所

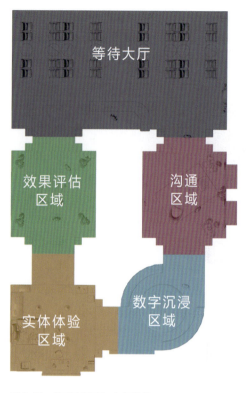

图 3-17 "回忆家园"空间设置

的治疗效果,并据此对后续的治疗方案进行优化。同时,系统也将根据数据反馈自动调整和优化治疗流程。

为了实现一体化治疗空间效果,"回忆家园"系统服务流程设计了从等待大厅到效果评估区域的连贯布局(图 3-17)。老年人将按照"等待大厅—沟通区域—数字沉浸区域—实体体验区域—效果评估区域—等待大厅"的路线,在一个连贯、舒适的环境中完成整个治疗流程。这种布局方式不仅避免了由于空间设置不合理可能导致的治疗流程错乱问题,而且确保了老年人在整个治疗过程中都能感受到无微不至的关怀与专业服务。

(4)"回忆家园"用户体验地图。

基于一定顺序的场景与行为还原,绘制"回忆家园"用户体验地图(图 3-18),全面展示从个性化数字回忆场景到实体怀旧空间的完整使用流程。在此流程中,老年人可以在安全舒适的环境中,通过回忆疗法,结合人工智能技术,重温美好回忆,感受温暖与慰藉。同时,系统强化老年人间的信任与沟通,并提供情感支持,以增进归属感和满足感。

2."回忆家园"实体产品设计

为了营造沉浸式治疗体验,"回忆家园"产品服务系统中需要引入实体设备,以引导老年人深入探索其回忆空间。经过调研分析得出,想要体会深度的沉浸感,必须依赖于听觉、视觉、触觉及嗅觉的全方位融合。在此基础上,产品服务系统构建了一个数字场景与实

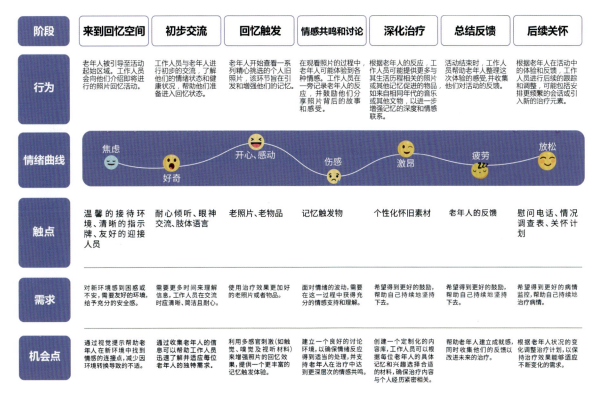

图3-18 "回忆家园"用户体验地图

体场景无缝衔接的环境，使老年人能够直接感知并融入其中，从而获取丰富而真实的五感体验。实体设备产品功能从核心功能和增强功能的角度进行定义，如图3-19所示。

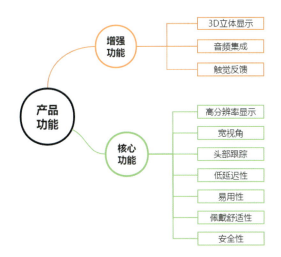

图3-19 实体设备产品功能定义

在针对老年群体的穿戴式设备的设计方面，重点考虑到了老年人的使用习惯和对新产品的接受度，借鉴了电动车安全头盔的设计，采用了护目镜翻盖式造型（图3-20）。这种设计不仅确保了设备的易用性和便携性，还在细节上体现了对老年人的关怀与尊重。这种设计能够降低老年人对新技术的陌生感和排斥心理，使他们在享受科技带来的便捷与舒适的同时，也能在回忆的海洋中自由遨游，重温珍贵的往日时光。

3. "回忆家园"数字产品设计方案构思

（1）"回忆家园"治疗服务系统信息架构设计。在"回忆家园"治疗服务系统中，信息架构的精细化设计是其核心组成部分。该设计旨在将应用的功能和内容以合理的优先级排序，并将零散的功能和内容有机整合，以构建一个高效、直观的信息导航系统。根据使用平台的不同，该系统被分为iPad端（图3-21）和显示设备端两大模块，每个模块均根据特定的治疗流程进行了细致的信息架构规划。

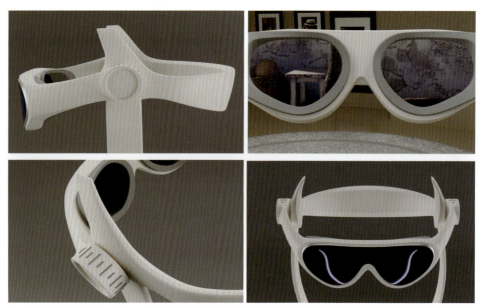

图 3-20　穿戴式显示设备效果

生成式人工智能生成场景信息标签

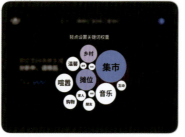
信息标签权重调整

实体场景检测内容清单

场景选择（1）

场景选择（2）

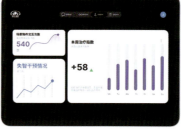
流程结束后治疗指数汇总

图 3-21　"回忆家园"服务系统 iPad 端界面设计

（2）"回忆家园"治疗服务系统介绍。在信息无障碍的背景下，适老化的界面设计在"回忆家园"治疗服务系统中至关重要。该系统的设计旨在打造一个简洁、直观、易于操作的界面，作为老年人与系统之间沟通的桥梁，确保老年人能够顺利参与治疗活动。老年人输入账号和密码，即可进入"回忆家园"治疗服务系统。为降低使用难度，该系统引入了人工智能生成内容（Artificial Intelligence Generated Content，AIGC）技术，实现了产品功能的轻量化。在该系统的首页设计上，仅保留了"回忆家园"治疗和老年人档案库两大核心模块，这种精简的布局有助于老年人快速定位所需功能，提升使用效率。

在穿戴式显示设备上，该系统同样注重界面设计，遵循适老化设计原则，界面设计简洁明了，易于理解。考虑到老年人可能需要长时间佩戴设备，该系统特别设计了互动式的交互设备和循序渐进的显示内容，以帮助他们在轻松愉悦的氛围中完成治疗目标。当老年人在治疗过程中遇到困难时，该系统能够迅速响应并提供有效的帮助和支持。此外，"回忆家园"治疗服务系统还具有可定制性和可扩展性，可适应不同老年人的个性化需求。该系统以其精细化的设计、齐全的功能和出色的用户体验，为老年人提供了一种全新、高效的治疗方式。

4. "回忆家园"产品系统设计评估

（1）产品设计评估。

产品设计评估主要采用目标用户评估的方式，结合3D打印技术制作实物模型，对产品的各个维度进行打分，以验证产品的合理性及其与产品服务系统的契合程度（图3-22）。产品设计评估涵盖了产品设计内容、产品实际体验及系统整体匹配度等多个维度。评估结果显示，产品的外观设计得到了老年人的高度认可，特别是其"圆润感"的设计，深受老年人的喜爱。同时，产品在实际使用中的体验也基本符合老年人的预期，但在具体使用流程和交互细节上仍有进一步优化的空间。此外，产品与治疗服务系统的整体匹配度较高，表明设计师在定位和使用场景上考虑得比较周全。

（2）界面设计评估。

界面设计评估旨在全面检验产品的可用性和用户体验。通过后测系统可用性问卷（Post-Study System Usability Questionnaire，PSSUQ）这一标准化工具，对产品的系统质量、信息质量和界面质量进行全面评估

图3-22 实物模型穿戴测试

（图3-23）。虽然产品的总体可用性得到了老年人的认可，但在系统质量方面，特别是在老年人学习和操作上，有待进一步提升。这表明在未来的设计中，需要更加注重界面的友好性和用户引导，以提供更加流畅、便捷的用户体验。

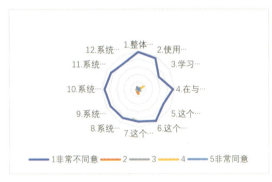

图3-23 PSSUQ调查结果分析

习　题

1. 请回答服务设计的五个原则，并就每个原则提出自己的认识和见解。
2. 请思考和理解三大类导向的产品服务系统，列举生活中的产品案例并展开解读与分析。
3. 请以学校浴室为改进设计对象，结合产品服务系统的设计思想，找到设计痛点，并提出改进思路和设计方案。

【在线答题】

第 4 章
产品系统要素

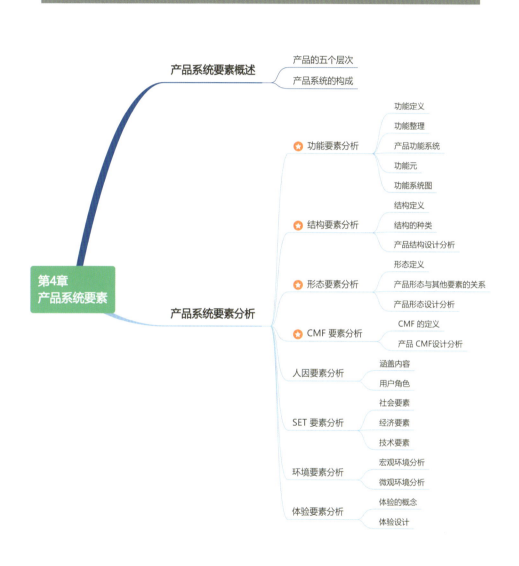

4.1 产品系统要素概述

产品系统既可以从实体构成角度剖析，又可以从关联事物视角理解。作为一个由实体层面的零件、部件及设计层面的功能、形态等多种要素构成的复杂系统，产品系统的各要素既相互独立，又紧密关联，共同赋予产品系统整体价值。本节内容将从产品的五个层次和产品系统的构成两个维度出发，从用户需求层次视角和产品系统构成角度深入、全面地分析构成产品系统的各个组成要素。

4.1.1 产品的五个层次

产品可以分为五个层次，这些层次反映了产品在用户心中的不同维度和价值，这个概念被称为产品层次模型。产品层次模型由"现代营销学之父"菲利普·科特勒于20世纪60年代提出，用来帮助企业更好地理解和满足用户的需求。产品层次模型的五个层次（图4-1）分别是核心产品、形式产品、期望产品、延伸产品和潜在产品。下面以某国产手环为例，具体介绍每个产品层次的含义。

（1）核心产品。核心产品是指产品所提供的基本功能或用途，是用户选择和购买产品的主要原因，目的在于满足用户的基本需求或解决实际问题。例如，该手环的核心功能体现在运动健康管理和运动数据追踪两个方面。它通过GPS定位功能实时记录运动轨迹，帮助用户掌握运动状态；同时，它还支持包括跑步、游泳、瑜伽和器械健身在内的117种运动模式，用户可根据自身需求选择适合的模式进行数据记录和运动效果分析，从而满足多样化的健康管理需求。

（2）形式产品。形式产品是指核心产品的外部物质形态，包括外观、设计、特性和品质等，这些要素决定了用户在购买产品时的实际体验。在形式产品层面，该手环采用金属材质，具有一定的光泽感，提供了多种配色选择，包括锖色和浅金色。该手环还运用了不导电的真空电镀工艺，质量较轻、触感舒适，便于佩戴。此外，该手环还配备了一块

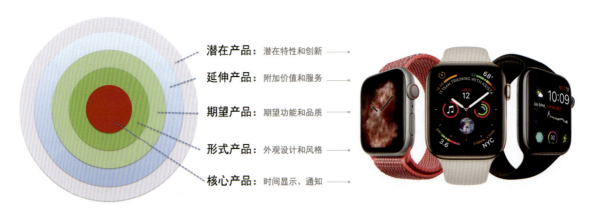

图4-1 产品层次模型的五个层次（案例产品为某国产手环）

全彩方形屏幕，显示效果清晰。

（3）期望产品。期望产品是指用户对于产品的期望，包括产品的基本功能和品质，它是用户购买产品时的标准，如果没有满足这些期望，可能会导致用户不满。用户对该手环的期望不仅仅局限于其基本的运动监测功能，他们更期望它能够在日常生活中提供更多的便利。设计者在设计该手环时还兼顾了离线支付功能，方便用户在超市、商场等场所进行支付。同时，该手环还具备防丢失功能，可以在丢失时远程锁定支付功能，保障用户资金安全。

（4）延伸产品。延伸产品是指产品周围的附加价值和服务，旨在提升用户的体验和满意度。该手环具备一系列的增值服务，如支持NFC功能，可以录入门禁卡、公交卡信息，支持绑定支付宝、微信等支付工具，轻轻一刷，即可完成支付。同时，该手环可实现语音控制手机拨打电话、播放音乐，跑步听歌更随心。

（5）潜在产品。潜在产品是指未来可能加入产品的潜在特性和创新，它体现了企业不断追求创新和满足用户不断变化的需求。该手环的潜在产品可能包括未来的技术创新和功能扩展。随着技术的进步，它可能会引入更先进的健康监测技术，如实时医疗咨询、个性化健康建议，甚至脑电波监测等。此外，随着可穿戴设备的普及，智能手环可能会成为一个全新的智能家居控制中心，从而让生活更加智能化。

通过将产品分为这五个层次，企业可以更好地理解用户的需求和期望，从而设计出更具竞争力的产品和服务组合。这种透彻的产品分析有助于企业在市场中取得优势并满足不同层次的用户需求。

4.1.2　产品系统的构成

通过深入了解产品及其五个层次，可以将产品系统视为由硬件、软件、服务、用户、环境和时间等多要素构成的复杂系统。这些要素相互交织、相互影响，共同构建出一个完整的系统，从而深刻影响产品的设计、功能和用户体验。

1. 硬件

硬件是指构成产品实体的物理组成部分，包括机械、电子、结构等方面的组件。它们是产品的载体，决定了产品的外观、形状和功能。例如，在电子产品中，硬件包括电路板、传感器、显示屏等。

2. 软件

软件是指产品中的程序、代码或操作系统等，用于控制、管理或增强产品的功能。软件可以使产品具备更丰富的功能、更灵活的操作方式，并且可以通过更新和升级软件来持续提升产品的性能。

3. 服务

服务是指与产品相关的各种服务，如售前咨询、售后服务、维护保养等。服务还包括与产品相关的云服务或在线服务。优质的服务可以提高用户对产品的信任感和满意度，提升用户体验，从而增强用户对产品的忠诚度。

4. 用户

用户是指使用产品的人群，包括最终用户、客户、消费者等。他们的需求和体验对产品的设计和改进至关重要，因此，产品设计应该以用户为中心，充分考虑用户的需求和反馈，以确保产品能够满足用户的实际需求和期望。

5. 环境

环境是指产品所处的场景，包括物理环境、社会环境、文化环境等。环境会影响产品的设计和使用，因此，在产品设计过程中，需要充分考虑产品的环境，以确保产品能够适应不同的使用场景。

6. 时间

时间是指产品的生命周期及产品随时间推移可能发生的变化。产品的生命周期包括开发期、导入期、成长期、成熟期和衰退期。在产品设计和管理过程中，需要考虑产品的时间要素，以确保产品能够持续满足用户的需求和期望。

4.2 产品系统要素分析

产品系统的各构成要素相互作用、彼此影响，共同决定着产品的功能与价值。从工业设计的专业视角来看，需综合考虑产品系统开发流程、产品生命周期及使用环境等多方面因素。产品系统要素分析可从功能要素、结构要素、形态要素、CMF 要素、人因要素、SET 要素、环境要素、体验要素这八个要素维度展开。

4.2.1 功能要素分析

1. 功能定义

功能定义是从对产品系统的物质结构研究转向对其功能系统研究的关键阶段。这一阶段的主要目标是将系统的设定目标，以功能表述的方式准确地传达出来，以回答关键问题，即"是什么"和"有什么用"。同时，在功能定义环节，也可以在产品系统总功能定义的前提下，对产品系统的各个构成要素的功能进行定义，从而为后续的功能整理和设计打下基础。

产品系统的功能定义要注意以下方面，以加湿器为例来具体说明。

（1）简明扼要。产品系统的功能定义应尽可能简明扼要，尽量用一个动词和一个名词表达。对于加湿器，一个简明扼要的功能定义可以是"增加室内湿度"。

（2）抽象词汇和可测定性词汇相结合。功能定义所选用的动词应是抽象词汇，名词则应具备可测定性。"增加室内湿度"中的动词"增加"是一个抽象词汇，名词"室内湿度"是可测定的，这样的功能定义有助于明确功能的性质。这个功能定义表明加湿器的任务是增加室内的湿度。

（3）全面、系统、明确。功能定义应全面、系统且明确，尤其在定义复杂的产品功能时更应如此。对于加湿器，我们可以进一步定义多个复合功能，例如："水箱储水""电动机提供动力"等，确保产品或系统的每个功能都得到了充分考虑，并明确其具体任务。加湿器功能定义示例见表4-1。

表4-1　加湿器功能定义示例

产品及零部件名称	功能定义
水箱	存放清洁水或存放添加了适量蒸发抑制剂的水
电动机	为加湿器提供动力，驱动蒸发器和风扇等零部件正常运转
蒸发器	通过自然蒸发或强制湿化的方式将水分散到空气中，提高空气的湿度
风扇	通过强制对流的方式将蒸发器所产生的水雾分散至室内空气中，实现冷却和加湿
控制电路（包括电源和温湿度传感器等）	起关键的控制和保护作用

功能定义在产品设计中起着协助设计者更好地理解设计任务的关键作用。在功能定义的过程中，可将整体系统逐步细分为局部组成要素，类似于"解剖麻雀"的思维方式，对设计对象及其各个组成部分的功能进行详细分解和分级定义。此外，功能定义还需要根据产品的不同细分维度和不同功能需求的个性特点进行调整，以确保产品能够最大程度地满足用户的需求。例如，办公场所和居家环境中使用的加湿器在功能上就会有所区别。对于办公用加湿器，功能定义可能会更加注重提高办公环境的舒适度，如维持室内湿度在舒适范围内——提高员工的工作效率，提升工作环境的舒适度；低噪声运行——以确保不会破坏办公室的安静氛围；易于维护和清洁——考虑员工时间宝贵，产品需要具备易于维护和清洁的特性。而对于居家用加湿器（图4-2），功能定义则更加强调加湿器的便捷性，如

调节室内的湿度——确保家庭成员的舒适和健康；智能湿度控制——用户能够根据需求自动调整湿度；安全断电——避免可能的安全事故。

图4-2　居家用加湿器（设计者：杨东辉）

2. 功能整理

功能整理环节旨在通过系统思维，明确产品及其各个零部件功能之间的逻辑关系，排列出功能系统图。这一过程的目的在于通过定性分析，阐明上位功能和下位功能之间的结构关系，确定分级功能在整体系统功能中的权重。

功能整理的第一步是功能分类。功能分类可以从不同的视角进行，从不同视角进行功能分类可以理解功能的不同维度。产品的功能根据其重要程度，可分为基本功能和辅助功能；根据用户的要求，可分为必要功能和不必要功能；根据其满足需要的性质，可分为使用功能和美学功能；根据其功能整理的顺序，可分为上位功能和下位功能。

功能整理的方法通常以产品的最终目标为起点，上位功能是下位功能的目标，而下位功能是实现上位功能的手段。通过绘制功能系统图，能够清晰呈现出产品系统各层级之间

的关系，包括功能并列关系、上下位隶属关系和网络交错关系。图 4-3 所示为加湿器产品功能系统图。通过功能整理，可以验证上位功能和下位功能之间是否存在必然联系，以及下位功能的集合是否足以支持上位功能的有效实现。这一过程还有助于提出优化和创新产品功能的方案，为产品设计提供有力的参考。

产品的功能是指产品所具有的效用，故产品实质上就是功能的载体，实现功能是产品设计的最终目的。产品设计与制造过程中的一切手段和方法，实际上是依附于产品的功能而进行的，功能是产品的实质。

3. 产品功能系统

产品的功能具有层次性，可以将其分为物质功能和精神功能两大类。其中，物质功能可以进一步细分为技术功能、环境功能和实用功能，而精神功能则涵盖审美功能、象征功能和教育功能（图 4-4）。

产品的功能构成具有系统性。产品功能系统可以理解为构成产品的各种功能及其相互关系。这些功能既具有独立性，又相互协作，能够在不同层次上满足用户需求。从实现基本功能到提供更高层次的功能，该过程旨在解决用户的痛点，并为用户创造愉悦的体验，以实现预期的产品设计目标。

在产品功能系统中，不同功能可以被视为系统中的子系统，而这些功能子系统又包含下一级的功能子系统或要素，不同子系统和要素之间又存在相互关系、反馈和影响。以产品审美功能子系统为例，产品的造型美可以进一步细分为形态美、色彩美、质感美三个二级子系统，每个子系统功能如果再往下细分又包含了三级子系统或要素，如点、线、

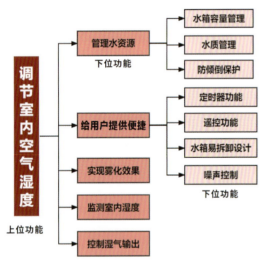

图 4-3 加湿器产品功能系统图

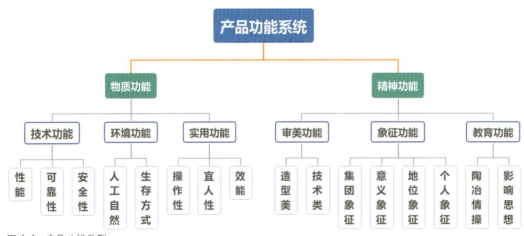

图 4-4 产品功能类型

面、体是构成产品形态美的四个要素,这四个要素之间的关系就是形态构成的基本法则,如比例与尺度、统一与变化、均衡与稳定等(图4-5)。

产品功能系统的设计和优化可以确保产品能够在不同层次满足用户的需求,并提供协调一致的用户体验。从系统的观点认识产品的功能,学习功能元的概念和学会绘制产品的功能系统图非常重要。

4. 功能元

功能元是能完成产品一项或某一方面功能的作用单元。功能元可以是产品各种层次的功能子系统,通常和产品机械结构中的总成、零部件等概念相对应。功能元也可以是一些最基本的、没有必要再做细分的基本功能单元,通常和产品机械结构中的零部件相对应。

在功能系统图中功能元常用矩形线框表示。例如,豆浆机可以进一步细分为研磨/榨汁子系统、携带/操作子系统、加热/保温子系统,分别对应着豆浆机的刀头部分、把手部分、保温层部分的功能零部件,因此可以认为上述三个功能子系统是构成豆浆机这一具有制作豆浆功能的产品系统的功能元(图4-6)。当然,豆浆机作为一个有复杂功

图4-5 产品功能分析

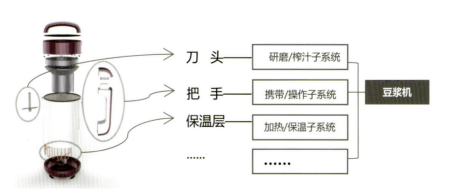

图4-6 豆浆机功能元

能的产品,其产品的功能元不止上述三个。

5. 功能系统图

功能系统图是产品结构系统功能的抽象表现,是一种图形化的表达方式,用于显示一个系统或产品中不同功能之间的关系、交互和层次结构。功能系统图是系统工程和产品设计中常用的工具,可以帮助设计者厘清不同功能之间的相互作用,以及它们协同工作实现整体目标的过程。

在功能系统图中,能够独立实现特定功能并构成子系统的单元称为功能域。例如,汽车的制动系统就可以被视为一个功能域。通常,功能域对应一个机械、电气或机电一体化的结构模块,由于这些模块是功能实现的载体,因此也被称为功能模块。

功能系统图可以展开为很多层级,每一层功能通常是实现上一层功能的手段,故把目的功能称为上位功能,把手段功能称为下位功能,各功能元通过"目的-手段"关系实现相互联系。在这种方法中,上位功能代表了更高层次的目标,而下位功能代表了实现这些目标的手段或方法。通过明确每个功能元在整个功能系统中的位置和作用,更好地组织、设计和管理系统中的不同部分,这种层次化的关系有助于更好地分析系统的需求,优化设计,并确保各个功能能够协调一致地工作。

在图4-7所示的功能系统图中,F_0是系统总功能;将总功能F_0的实现手段称为一阶子功能,对应的就是图中的F_1、F_2、F_3;将一阶子功能F_2、F_3的实现手段称为二阶子功能,对应的就是图中的F_{21}、F_{22}、F_{31};将二阶子功能F_{21}的实现手段称为三阶子功能,对应图中

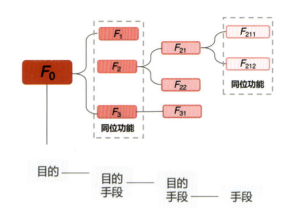

图4-7 功能系统图

的F_{211}、F_{212};如此一阶又一阶向下分解,直到构成功能系统总体为止。从图4-7中我们还可以看出,F_{21}与F_{31}、F_{211}与F_{212}属于同一层级,被称为同位功能。F_2、F_3、F_{21}既是目的功能,又是手段功能。

设计案例4-1 》》
行李箱的功能系统分析

行李箱(图4-8)是出行不可或缺的工具,集多重功能于一身。它为用户提供了有序的储物空间,可安全地容纳各类物品;同时,行李箱便于携带,通过轮子、可伸缩拉杆等设计,移动方便;它的耐用材料能够抵御颠簸和外界压力,保护物品不受损;安全锁系统可确保物品的安全,内部隔层设计有助于整理物品;多样的外观和轻量化设计使其能满足不同使用需求和运输要求及相关规定。总之,行李箱以其实用性、多功能性,提升了旅行的便利性和舒适性。

下面以行李箱为例,使用功能系统图(图4-9)对其功能层级展开解读,具体内容描述如下。

(1)行李箱的上位功能(目的功能)。
行李箱的上位功能代表行李箱的主要目的,即

图 4-8 行李箱(设计者:黄幸瑜)

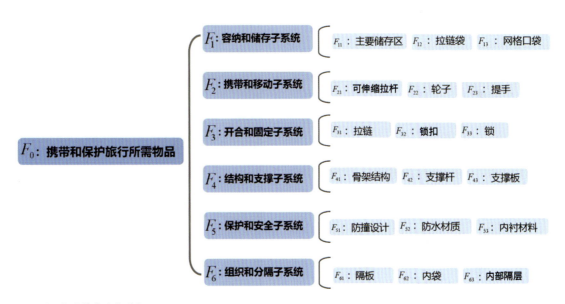

图 4-9 行李箱的功能系统图

用于携带和保护旅行所需物品。这个上位功能可以进一步分解为图 4-9 所示的若干手段功能。

(2) 行李箱的下位功能(手段功能)。
行李箱的下位功能子系统代表实现上位功能的不同手段或方式。

① 容纳和储存子系统。容纳和储存子系统负责提供足够的空间和隔间,以容纳用户的随身物品;可能包括主要储存区、拉链袋、网格口袋等。

② 携带和移动子系统。携带和移动子系统是携带和移动行李箱的手段,用户可以方便地携带行李箱,包括可伸缩拉杆、轮子、提手等。

③ 开合和固定子系统。开合和固定子系统负责行李箱的开合和固定机制,以便用户可以方便地装载和取出物品,包括拉链、锁扣、锁等。

④ 结构和支撑子系统。结构和支撑子系统为

行李箱提供结构和支撑，确保行李箱能够保持一定的形状并在装载时保持稳定；包括骨架结构、支撑杆、支撑板等。

⑤ 保护和安全子系统。保护和安全子系统可保护行李箱内的物品免受损坏或丢失；包括防撞设计、防水材质、内衬材料等。

⑥ 组织和分隔子系统。组织和分隔子系统可帮助用户在行李箱内更好地组织物品，包括隔板、内袋、内部隔层等。

4.2.2 结构要素分析

1. 结构定义

产品结构是产品要素与要素、要素与产品整体、产品整体与外部之间的关系或联系方式。产品结构描述了产品内部各个组件的排列、连接、功能分配，以及如何共同协作来实现产品的功能和特性。产品结构的设计不仅涉及零部件的安排，还包括零部件之间的相互作用、力学关系、电子连接等。

就实体产品而言，产品结构是相邻零部件之间的连接或装配关系。在设计和制造产品时，产品结构设计是至关重要的，它决定了产品的功能实现、外观造型、性能可维护性。合理的产品结构设计可以使产品更加稳定、易于制造和维护。不同类型的产品具有不同的结构特征，如机械产品的结构强调零部件的运动关系和力学设计，而电子产品的结构则关注电路板、芯片和传感器的布局及连接。

2. 结构的种类

从工业设计的角度出发，按所起的作用和设计时的分工，产品结构分为工艺结构、外部结构、空间结构、核心结构和系统结构。

（1）工艺结构。

工艺结构描述了产品的制造过程和组装方式，涵盖了产品的生产流程、材料加工、组装工艺、零部件制造等。工艺结构影响产品的生产效率、生产成本和产品质量。例如，汽车的工艺结构包括车身制造、发动机组装、电子系统安装等，车身制造又包含焊接（图4-10）、涂装、组装等工艺步骤。在汽车制造过程中，不同的零部件需要经过精确地制造和组装，才能确保最终产品的质量。

图4-10　工人对车架进行焊接检查（图片来源：搜狐网）

（2）外部结构。

外部结构是由产品的可视零部件、外观造型，通过材料和形式来体现的。外部结构不仅是外部形式的载体，诠释产品的形态，而且是内在功能的传达者，说明产品的操作使用方式。产品的外部结构是与用户直接互动的部分，影响产品的美感、可识别性和用户体验。就产品的外观造型而言,精心设计的外部结构可以吸引人的眼球,使产品在市场中更具竞争力。无论是家用电器、汽车还是电子设备,吸引人的外观结构都能激发购买欲。需要注意的是,外部结构应在保持美感的同时,与产品的功能协调一致,这种平衡是非常重要的,产品的外观设计不应以牺牲产品的功能为前提。此外,产品的外部结构还影响用户与产品的互动体验,如操作按钮、界面布局,甚至产品的质感和手感,都会影响用户的感受。良好的产品外部结构设计可以提升用户的满意度,如Max Gunawan设计出的名为Lumio的创意LED灯(图4-11),灯的外观看上去像一本普通的书,其折叠结构设计使灯能够自由开合,为产品带来了灵活的摆放方式和360°照明范围,在不同场景下营造出舒适宜人的照明环境。

（3）空间结构。

空间结构是指产品空间形态的构成方式,由此产生的产品空间构成关系,也形成了产品与周围环境相互联系、相互作用的关系。在产品设计中,空间结构设计是确保产品实现功能和保证良好用户体验的重要方面。

对于实体产品而言,空间是"虚无"的存在。产品除了自身的空间构成关系,还存在以产品为中心的"场"的空间关系,应该将"场"的空间关系视为产品的一部分。以公共汽车的空间结构（图4-12）设计为例,除了应考虑公共汽车内部空间的实际布局,还应将其置于驾驶环境和社会背景中进行综合考虑。

在"虚无"的空间结构层面,汽车内部空间结构的设计对驾驶舒适性和乘客的愉悦感有直接影响。充裕的腿部空间和头部空间能够减轻乘客的拥挤感,提高长途乘车的舒适性。根据人体工程学原则,合理分配座椅、仪表板和控制装置的空间位置,确保驾驶者与乘客在操控和乘坐过程中感到舒适和便捷。然而,更加深刻的是,在"场"的空间结构层面,汽车作为一个移动的空间,不仅是一个独立的物理实体,而且还在行驶过程中创造了与路况、天气和城市风景相互连接的环境。因此,汽车的空间结构设计还需要考虑驾驶环境、城市交通及社会文化等。

下面以整体厨房的空间设计（图4-13）为例深入理解产品空间结构要素。在整体厨房的设计中,空间结构的构建是至关重要的,它为厨房内部布局和要素排列创造了框架。空间结构的设计深刻影响了厨房的功能、美学特质及用户体验。在设计厨房的空间结构时,需要遵循"工作三角"原则,将洗涤、

【拓展视频】

图4-11　Lumio灯具（图片来源：设计之家）

图 4-12　公共汽车的空间结构（设计者：赵逸宣）

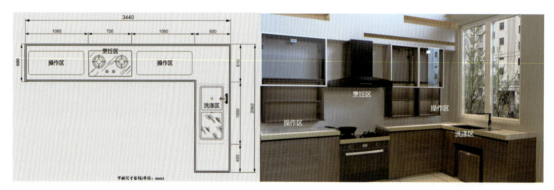

图 4-13　整体厨房的空间设计（设计者：李富豪）

烹饪和操作功能形成一个高效的三角布局关系，确保操作流程紧凑。同时，细致划分不同功能区域，如准备台面、炉灶区等，使操作流程更顺畅。除此之外，还应充分考虑厨房的环境设计，通过材料选择、色彩搭配及自然元素的融入，创造一个舒适且与周围环境协调的厨房空间，为家庭创造一个愉悦的烹饪场所。

（4）核心结构。

核心结构是指由某项技术原理形成的具有核心功能的产品结构。核心结构往往是产品主要功能的关键部分，涉及复杂的技术问题，而且分属不同领域和系统，在产品中以各种形式产生功效。例如，在吸油烟机产品中，核心结构设计包括风机系统、过滤系统、控制面板等。风机系统是核心结构的关键组成部分,通过强大的气流原理,将厨房中的油烟、异味和蒸气吸入烟机内部,然后排放到室外,确保室内的空气质量。过滤系统则通过过滤材料和特殊构造,捕捉油脂颗粒和异味,防止它们进入厨房。控制面板供用户调节风速、开关吸油烟机和定时等,用户可根据需要自由控制吸油烟机的运行状态。

产品的核心结构一旦选定,在设计中是以"黑箱"的结构形式保持不变的。设计者可以控制的部分是产品的外部结构,称为"白箱"结构。实际上"黑箱"结构与"白箱"结构是不可分割的相互作用的整体。相对于"黑箱"结构,"白箱"结构存在较大的变换空间。正因如此,设计者在设计外部结构时,往往会沉溺于自由的表现而忽略来自核心结构或外部因素的制约。无视制约条件无疑是不现实的。只有树立整体观念,才有可能正确处理结构与功能的关系。所谓整体观念,就是对制约因素的作用与反作用的认识。

(5)系统结构。
产品系统结构是产品整体构成方式,是指产品的模块与模块、模块与产品、产品与产品之间的关系结构。外部结构和内部结构分别是产品结构系统的两个构成要素。外部结构与产品和用户的互动相关,而内部结构则涉及产品内部各个模块的组合与协作。此外,产品系统结构还涉及不同产品之间的联系,这对于构建复杂系统、提升产品系统整体性能和实现产品系统集成都非常重要。

以模块化家用多功能血液检测仪(图4-14)为例,该产品的设计体现了产品系统结构的具体应用。从产品整体功能来看,该产品集血压检测仪、血糖检测仪和尿酸检测仪三个独立的模块于一体,通过模块化设计构建出一个多功能的组合式产品。产品整体结构体现了模块化的设计思想,不同的功能单元通过造型与结构的组合,形成产品整体的系统结构。外部结构涵盖了用户界面、显示屏、按键布局和外壳设计等要素,这些要素直接影响用户的操作体验和外观感知。内部结构则由各个检测模块组成,每个模块都专注于测量不同的生理参数。它们之间相互独立又相互关联,通过数据交互和处理,为用户提供全面的健康信息。模块之间的紧密配合确保了整个检测仪协调运作,从而实现了综合

图4-14 模块化家用多功能血液检测仪(设计者:刘颖)

的血液检测功能。该产品的设计清晰呈现了产品系统结构的多层次性，以及在模块化设计中如何平衡内部结构与外部结构的协调关系，构建出一个集多种功能于一体的用户友好型综合性产品。

3. 产品结构设计分析

在产品设计中，结构设计对于产品至关重要。产品结构设计的任务是在总体设计的基础上，通过确定的原理结构图来体现产品所需的功能，并把抽象的工作原理具象化为具体零部件，确定零部件的材料、形状、尺寸、公差、热处理及表面状态，并考虑零部件的加工工艺、强度、刚度、精度及与其他零部件的关系。

（1）常见的产品结构设计。

产品结构设计工作并非简单地绘制机械图，机械图只是表达设计方案的语言，而具体化是产品结构设计的基本内容。就实体产品而言，产品结构设计工作的重点是外部结构设计及外观与内部技术模块的装配设计。常见的产品结构设计主要包括钣金结构设计、塑料产品结构设计和电子设备整机结构设计。

① 钣金结构设计。钣金结构设计主要包括拉深件、冲裁件和弯曲件的结构设计（图 4-15）。拉深件的结构设计应均匀对称，轮廓变化柔和光滑，顶部凸缘宽度一致，底孔尺寸合适，整体结构设计合理，工艺性好。冲裁件的结构设计是指冲裁件对冲裁工艺的适应性。良好的冲裁结构设计应保证材料利用率高、工艺少、模具结构简单、产品使用寿命长、产品质量稳定。一般而言，对冲裁件结构影响较大的因素是精度要求、几何形状和尺寸。弯曲是一种冲压工艺，该工艺可使材料塑性变形，形成一定的曲率和角度。工艺性好的弯曲件可以简化弯曲工艺，提高弯曲件的精度。

② 塑料产品结构设计。塑料产品结构设计包括形状、壁厚、脱模斜度、加强筋、标志、底部支撑面、圆角、孔洞、图案等的设计。优质的塑料产品，既美观又大方，而且易于成型。

2022 年 3 月，德国维特拉设计博物馆举办了一场名为"塑料：重塑我们的世界"的展览，从 20 世纪塑料的迅速崛起到如今对环境的影响，再到未来如何解决可持续地使用塑料问题，探讨了塑料作为设计材料的历史与未来。塑料因其可塑性强、轻便、耐用、结实、廉价，受到了很多设计者的青睐。例如，设计史上的经典塑料椅——路易二十椅、大象凳、Air Chair 等（图 4-16）。

（a）拉深件

（b）冲裁件

（c）弯曲件

图 4-15　钣金结构设计示例

(a) 路易二十椅　　　　　(b) 大象凳　　　　　(c) Air Chair

图 4-16　设计史上的经典塑料椅

时至今日，塑料已成为我们生活中的一部分，它对环境、生命产生巨大的影响。然而从人与自然和谐共生的视角来看，如何解决全球塑料垃圾危机问题仍是我们需要思考的难题。设计与生产、消费等一同扮演着怎样的角色，跨学科合作、对塑料整个生命周期的循环设计、回收利用再设计，以及由微生物制作生物塑料都成为未来设计探索的新方向。

③ 电子设备的整机结构。电子设备的整机结构主要包括机箱、机柜和通风窗。通常，人们利用电子原理制造的设备和仪器统称为电子设备。电子设备在结构设计中具有特殊的结构，需要安装电子元件、仪器及机械零部件。

(2) 认识产品结构设计的方法。

认识产品结构设计的方法之一是对产品进行拆解和组装。在本课程的学习过程中，要求学生在设计产品之前要对产品结构进行深入的分析和了解。该过程主要通过拆解和组装现有产品来了解产品的零部件及装配关系（图4-17），从系统的角度考虑产品的整体和要素之间的关系，从而在设计时能够更加灵活地运用系统设计方法考虑产品的资源整合、回收利用、售后服务等问题。

对产品进行拆解和组装主要包括以下步骤：首先，选择目标产品，通常选择竞品中的领先者作为拆解对象，以获得实际的产品结构。

图 4-17　洗衣机拆解的零部件示例

其次，将产品分解成各零部件，详细记录每个零部件的名称、功能、材料、尺寸和质量等信息（图4-18）。理解每个零部件的功能，以及它们是如何协同工作的，这对于识别产品的整体功能和各零部件之间的关系至关重要。最后，将各零部件按原始设计组装起来，验证拆解过程中记录的信息，同时识别潜在的改进点和设计缺陷，优化设计，以提高产品性能、降低成本或简化维护。

通过拆解和组装产品来深入了解产品结构不仅是一项重要的课程实践，而且是一种有助于锻炼动手能力和促进团队协作的关键活动（图4-19）。在拆解过程中，团队成员应分工明确、合作默契，这对于培养团队协作能力至关重要。此外，在产品的拆解过程中，要尽可能精细和深入地分析，以确保全面了解产品的每个零部件及其相互关系，从而培养科学严谨的设计思维。对于工业设计专业学生而言，这种实践经历不仅有助于提高解决问题的能力，而且能够激发学生对工程工作的热情，体会工匠精神的价值内涵，这对他们未来的职业发展至关重要。

4.2.3 形态要素分析

1. 形态定义

产品的形态是指产品的外部形状、结构和外观特征，它在产品设计中起至关重要的作用。产品的形态直接影响产品的功能、美观、市场吸引力及用户体验。有吸引力的产品外观设计可以提高其市场竞争力，引起潜在用户的兴趣。同时，产品的外观设计可以与品牌形象相辅相成，增强品牌辨识度。虽然产品的形态会影响用户对产品的第一印象，但是产品的形态设计不是设计者的任意发挥，而是综合产品其他设计要素精心考虑的结果。

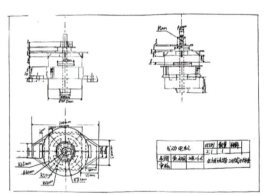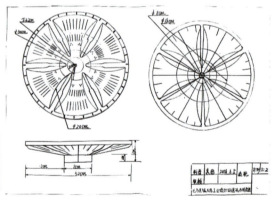

图4-18 洗衣机核心零部件测绘图

图4-19 学生拆解洗衣机现场

2. 产品形态与其他要素的关系
(1) 产品形态和功能的关系。
产品形态必须直接服务于产品的功能,设计者必须深入了解产品的用途和目标用户的需求,以确保产品的形态设计与产品的功能保持一致。例如,共享接力环保垃圾桶(图4-20)设计成瓶子造型,产品的形态语义和回收瓶子的功能具有很强的关联性,用户能够一眼识别其用意,产品的形态设计很好地辅助了产品功能的实现。

(2) 产品形态和结构的关系。
产品的形态和结构之间存在紧密的联系,它们共同塑造了产品的外观和性能。形态设计聚焦于产品的外观特征与美学表达,着重提升产品的视觉吸引力,优化用户体验,进而影响用户对产品的感知。而结构设计则着眼于实现产品功能并保障其稳定性,凭借科学的支撑与合理的功能布局,确保产品在使用过程中的可靠性与实用性。这两者之间的协调关系是产品设计成功的关键,它们共同决定了产品的特征和品质,从而影响用户的感知和满意度。图4-21所示为空间可伸缩环卫簸箕,该设计方案深入考虑了户外垃圾收集距离远的现状,为了减少环卫工人倾倒频次,采用折叠壁的

图4-20 共享接力环保垃圾桶设计(设计者:李鹏辉、李尚伟、杨俊宇、张明宇)

图4-21 空间可伸缩环卫簸箕（设计者：莫冰、卫荣畛、杨昌素）

结构设计，加大了簸箕盛装垃圾的空间。从产品外观设计来看，折叠壁的结构能让使用者一眼就能看明白其使用方式。这个案例突出了形态和结构之间的密切关系，以及形态和结构如何在产品设计中共同工作以实现产品功能的同时使外观具有吸引力。

（3）产品形态和材料与工艺的关系。
产品材料与工艺对形态设计也产生影响。不同材料具有不同的质感和效果，同样的材料采用不同的工艺也会产生不同的视觉和触觉感受，从而影响产品的外观效果和性能指标。

（4）产品形态和用户体验的关系。
产品形态直接影响用户体验，包括用户的第一印象、产品的可用性、人机交互、品牌认知度、情感连接及市场竞争力等。产品形态设计应该确保诸如按钮、手柄和控制面板等结构能够传达产品的功能和用途，使用户能够迅速理解如何使用相应产品。直观的产品形态设计可以提高产品的可用性，使用户能够轻松操作相应产品。例如，图4-22所示的老年人旅游行李箱，考虑到老年人在出行过程中容易疲劳、不能久站等问题，在行李箱的箱体上设计了一块坐垫，坐垫的形态设计和材质运用充分考虑了对老年人的引导，符合人体的座面曲线；再加上布料带来的舒适感，让人有一种立刻想坐上去休息一会儿的感受。该设计在旅游过程中能有效缓解疲劳，带来良好的用户体验。

图4-22 老年人旅游行李箱（设计者：黄幸瑜）

总之，成功的产品形态应在各方面实现平衡，既要满足用户需求，提升产品的市场竞争力，又要与品牌价值保持一致。设计优秀的产品形态，需要综合考量多种因素，确保功能性、美观性与品牌特性协调统一。

3. 产品形态设计分析

形态包含"形"与"态"两层含义。"形"是指一个物体的外在形式，对于产品而言是指产品的形状；产品的形状与结构、材质、色彩、空间、功能等密切相连。"态"是指蕴涵在产品形状内的"精神势态"。形态是产品的"外形"与"神态"的结合。形离不开神来充实，神离不开形的阐释，无形则神失，无神则形晦。在我国古代时期，对形态的含义就有了一定的论述，如"内心之动，形状于外""形者神之质，神者形之用"等，指出了"形""神"之间唇齿相依、相辅相成的辩证关系。产品形态要具有美感，除了要有美的外形，还应具有反映产品本质和触动用户内心潜在需求的"精神势态"，即"形神兼备"。

点、线、面、体是影响产品形态的最基本的组构单元和造型元素，也是最富有表现张力的视觉元素。无论多么复杂的产品，皆由点、线、面、体四大要素构成。从研究基本造型要素出发，对相应的产品形态要素作分门别类的研究，从而总结出产品形态设计中应注意的原则。分析产品的形态首先要了解产品点、线、面、体的特征。点的大小聚散、浓淡疏密，线的曲直、立卧、粗细、平行与交叉、秩序与杂乱，以及面、体的不同形状，均会引起不同的情感知觉。情感是随着产品形态的导向变化的，产品形态抽象、模棱两可，情感也会抽象、模棱两可；产品形态具体，情感也会随之具体。

产品形态设计必须遵循形式美法则，包括比例与尺度、多样与统一、节奏与韵律、均衡与对称、稳定与轻巧、对比与调和、主从与重点等，只有遵循形式美法则，产品形态才能获得真正的美。

4.2.4 CMF 要素分析

1. CMF 的定义

CMF 是指产品设计中的色彩（color）、材料（material）、工艺（finishing）这三个要素，它们在产品设计中起关键作用，共同塑造了产品的外观、触感、质感和整体用户体验（图 4-23）。

色彩是产品设计中最显眼的要素之一，它可以传达产品的品牌、情感和风格。色彩可以影响用户的情绪，以及产品在市场上的吸引力。选择色彩时要考虑目标受众的喜好、文化差异和行业趋势。同时，色彩可以用于区

图 4-23　产品 CMF 效果（图片来源：花瓣网）

分不同的产品型号或版本,以帮助用户作出选择。

材料对产品的外观、质感和性能有着重要影响。不同材料具有不同的物理特性,如硬度、密度、透明度等,这些特性直接影响产品的外观和使用体验。选择材料时,除了要考虑其物理特性外,还要考虑其可持续性。例如,使用可回收材料或环保材料,可以降低产品对环境的影响。

工艺是产品设计和制造中的重要步骤,旨在改善产品的外观、质感、耐久性等,包括成型工艺、表面处理工艺等。不同的工艺可以达到不同的感官目标,从而满足市场需求和用户期望。不同的工艺适用于不同的材料和产品,如常见的工艺有抛光、喷涂、喷砂、电镀、阳极氧化、磨砂、酸洗等,设计者和制造商需要根据产品的具体要求选择合适的工艺。

CMF 要素在产品设计中的协调和选择可以提升产品的市场竞争力和用户满意度。设计者需要综合考虑 CMF 要素,以确保产品既能满足功能需求,又具备有吸引力的外观和良好的用户体验。

2. 产品 CMF 设计分析

在产品设计中,产品的色彩、材料、工艺设计元素相互影响,三者相辅相成,共同作用于产品,使产品设计更符合用户的情感需求。例如,采用同一种色彩和材料,但运用不同的表面处理工艺,会产生完全不一样的视觉效果和心理感受。

近年来,在制造企业的设计部门中,已有了 ID 设计、UI 设计、UX 设计、平面设计、包装设计等几大设计分工。而将 CMF 设计作为一个关注颜色、材料和工艺的独立设计岗位,在大型企业中已成惯例,并且需求有扩大的趋势。有关产品 CMF 的研究分析越来越受到人们的重视,并对其内容构成进行了补充。例如,李亦文等在《CMF 设计教程》中提出:虽然 CMF 从字面上理解只包含颜色、材料、工艺三大要素,但是在具体的设计中却包含了四大要素,除了颜色、材料、工艺三个要素外,还有一个重要的、我们容易忽视的要素"图纹"(pattern)。原来许多材料的图纹是自然形成的,然而,在如今的 CMF 设计中,图纹设计(图 4-24)成为了整体设计中不可分割的重要部分,是产品精神符号的外显,是产品外观品质升华的重要因素。因此,如今在 CMF 设计领域提到更多的是四大要素,即 CMFP。

【拓展视频】

图 4-24　产品的图纹设计

CMF设计重点关注的是产品外观与用户心理认同的美学价值，触点更多的是在精神层面上，主要内容是在产品的色彩、材料、工艺、图纹与人的感官系统之间建立一种人与物之间相互尊重的情感认同。而组成产品人性化表情的四要素（色彩、材料、工艺和图纹）与人体感官（sense）、情感（emotion）之间具有属性上的层级关系。李亦文等在《CMF设计教程》中提出了CMF设计CMFPSE理论模型（图4-25），将CMF设计所涉及的相关要素根据其知识结构基本特征归纳为三个层级。

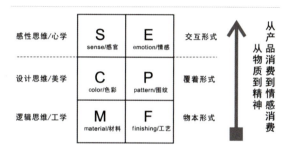

图4-25　CMFPSE理论模型（图片来源：《CMF设计教程》）

设计案例4-2 >>>
CMF设计CMFPSE模型中的要素解读

1. 色彩

色彩在CMF设计中是最易改变的设计要素。赋予产品合适的色彩，一直是CMF设计的常规手段。灵活运用特定的流行色、色彩营销策略、色彩管理体系和色彩标准化等，是CMF设计缩短设计周期、降低成本、提高商业价值的好方法。

2. 材料

材料是CMF设计中最难改变的要素。由于在CMF设计中产品材料选择涉及的面比较宽，一直以来有关材料知识是设计者的弱项，需要材料工程师和结构工程师的配合，因此设计者很少主动提出改变产品的材料。除此之外，对任何一类产品而言，一旦选定了某种材料，就意味着选定了某个产业链，改变材料就意味着改变整个产业链，包括相关的原材料供应商、工厂、生产线、工艺技术、模具、产品标准、测试手段等，这一切都要重新确定，很明显该过程耗时（周期长）、费力（人力、物力、财力）、成本高，故企业一旦选定了产品的材料，在相当长的一段时间内是不会更换的。因此在CMF设计中选材要慎重。

3. 工艺

工艺是CMF设计中常用的创新要素。常规情况下工艺开发的投入成本比材料开发的成本小，但相比改变色彩，工艺开发在时间成本、经济成本上还是会大很多。CMF设计涉及的工艺类别一般分为成型工艺与表面处理工艺两大类，两者可以同时创新，也可以独立创新。所谓工艺开发和创新是针对CMF设计已选定的材料，在成型过程中或表面处理过程中引入其他工艺或技术而形成新的效果，工艺开发可发挥的空间较大。工艺开发与材料选择一样，也不是设计者的强项，通常需要工程师的配合，并且要通过一定的实验才能得到切实可行的创新工艺。以不锈钢表面工艺为例，同样的基材采用不同的工艺，可开发出百余种表面肌理和色彩效果。

4. 图纹

图纹是CMF设计中直观体现产品表情符号的要素，是展现设计的重要载体。材料或工艺的创新往往涉及较高的成本和较长的时间周期。图纹设计则可以在不变换材料、工艺甚至色彩的情况下，为产品带来新的产品表情，具有开发周期短、成本低、效果好的特质。图纹设计属于符号和语义设计范畴，有针对性的设计能够给用户带来良好的情感共鸣和审美体验。因此，对CMF设计而言图纹设计具有较大的拓展空间。当然图纹设计的实现离不开材料、工艺和色彩的配合，由于同一个图纹在不同色彩、材料和工艺的搭配下所呈现的产品表情和用户情感体验是有很大区别的，因此图纹设计空间的拓展不只是2D的概念，而是3D，甚至是4D的概念。以不锈钢材料的表面处理为例，通过腐蚀、激光雕刻等工艺，设计2D和3D的图纹肌理，可大大拓宽材料的适用范围。

5. 感官
感官是CMF设计中不容易直接被察觉的创新要素。感官包括人的视觉、味觉、嗅觉、听觉、触觉，是产品与人发生交互作用的通道。感官在CMF设计中的研究相对比较薄弱，是容易被忽略的，故感官要素在多数CMF设计中发挥的作用不够充分，这将是未来CMF设计可拓展创新的空间。例如，传统的人机设计重点关注的是产品在人体感观上的宜人性，而CMF设计将在此基础上追求产品的动人性，让产品在用户心理体验上表现出更高的情感品质。就目前而言，有关产品表情与用户感官的对应化设计，应该是CMF设计的洼地。

6. 情感
情感是产品形象与用户情感归属的心理共鸣现象。这种产品形象与用户情感归属的心理共鸣是CMF设计中最难捉摸与把控的要素。

用户的基本情绪有喜、怒、忧、思、悲、恐、惊等，而情感则更为丰富，例如恋爱感、幸福感、友好感、尊重感、高贵感、安全感、舒适感、愉悦感、童年感、兴奋感、归属感、美感、木讷感、嫉妒感、冷酷感、紧张感、欺骗感、厌恶感、鄙视感、仇恨感等。

人的情感是主观的、因人而异的，但是也存在某种程度的共性。因此，如何把产品的色彩、材料、工艺、图纹与人的感觉系统对应起来，并对用户形成某种导向性的情感归属和心理暗示是CMF设计的最高境界。对于CMF设计而言，当一件产品与用户在情感上达成共鸣时，消费概念已发生了质的变化，用户消费的已不再是物性产品，而是用户自己的情感，这是CMF设计的精华所在。例如，设计者希望所设计的女性产品看上去有一种恋爱感和甜蜜感，因为对女性而言，产品的使用只是一种形式，更多的是在给自己的情感寻找一个甜蜜的港湾。而对于老年朋友而言，情感归属完全不同，产品看上去应该有一种尊重感、安全感和友好感。

不难理解，CMF设计的使命是从物质走向更高精神层面的情感体验，CMF设计的产品外观只是一种表象，而真正的内涵是产品灵性，这种赋予产品人性化表情的CMF设计已成为引发人类心甘情愿对自己情感进行消费的设计新方向。例如，已经处在淘汰边缘的挂锁，在CMF设计的驱动下，激活了情侣们的情感共鸣，在世界的许多地方成为用户情感消费的载体。

——李亦文、黄明富、刘锐，《CMF设计教程》

4.2.5　人因要素分析

1. 涵盖内容
产品设计处理的是人与产品之间的关系。这关系到产品如何满足用户的需求、期望和体验，以及如何让用户与产品互动和使用产品。为了使产品与用户之间取得最佳的匹配关系，设计者在设计产品时必须考虑这一匹配关系所涉及的一切有关人的因素，也就是人因要素。它涵盖了人类工程学要素、心理学要素、社会学要素及审美要素等，这已经超越了人类工程学可以量化的人因范畴。不同的设计对象，在设计中所要考虑的人因要素的内容及范围有所不同，但总体上可以概括为以下几个方面（图4-26）。

图4-26　人因要素涉及的具体内容及范围

（1）人体工程学。
人体工程学研究人体的生理结构和动作，以确保产品的尺寸、形状和控制界面符合人体的舒适性和安全性要求。这包括产品的尺寸、形状、按钮位置、手柄设计等。

（2）用户界面设计。
用户界面设计涉及产品的屏幕、按钮、菜单、声音反馈等要素，以确保用户能够轻松地与产品交互。良好的用户界面设计可以提高产品的易用性和用户友好性。

（3）可用性。
可用性是评估产品的易用性和用户友好性的重要标准。产品应该易于学习和使用，用户在使用过程中不应该感到困难。可用性测试和用户反馈是评估产品可用性的有效方式。

（4）安全性。
产品必须满足用户的安全需求，避免潜在的危险和伤害，包括物理安全（如防触电、防火）和信息安全（如数据保护）等。

（5）心理学因素。
理解用户的心理需求和行为是产品设计的关键，包括情感、认知和决策过程，以及用户对产品的期望和满意度。产品的外观、品牌形象和用户体验都受心理学因素的影响。

（6）文化和多样性。
不同文化和背景的用户可能有不同的需求和偏好。在全球市场中，考虑文化差异和多样性需求对产品的成功至关重要。

（7）可持续性。
环境可持续性因素也是重要的人因要素。产品的设计和材料选择应减少资源消耗，降低产品对环境的影响。

（8）用户测试和反馈。
进行用户测试和收集用户反馈是了解产品是否满足人因要素的关键手段，通过用户实际的参与和反馈，不断改进产品，以提供更好的用户体验。

产品设计中要考虑的人因要素包含但不限于以上内容，通常需要在产品设计的不同阶段综合考虑这些人因要素，包括概念设计、详细设计、制造等阶段。综合考虑这些要素可以帮助设计者和制造商创造出更满足用户需求和期望的产品，提高产品的市场竞争力和用户满意度，因此，人因要素是产品设计中不可或缺的关键因素之一。

2. 用户角色
人是产品的缔造者，产品是为人服务的。从

产品生命周期的角度来看,产品经历了成品、商品、用品、废品这几个阶段,需考虑的几种用户角色主要包括设计者、生产者、营销者、使用者和回收者(图4-27)。

图4-27 产品的用户角色

(1) 设计者。

设计者是将用户需求和产品需求进行转化的核心角色,负责产品的整体创意和形式塑造。他们在产品生命周期的早期阶段发挥着重要作用,设计者在设计产品之前,需要深入了解用户需求、市场趋势和技术可行性等内容,以构思并制定出具备创新性和合理性的产品设计方案。因此,设计者的职责主要包括用户需求分析、创意构思、形式塑造、技术可行性分析、用户体验优化及市场趋势分析等。通过提供创新的设计理念,独特的外观造型和良好的用户体验,设计者能够确保产品在市场上脱颖而出,吸引目标用户。除此之外,设计者还需要与工程师团队密切协作,确保设计方案在技术上是可行的;同时要平衡好产品造型、品牌形象及用户偏好之间的关系。设计者的工作直接影响产品后续的生产、营销、使用和回收等阶段。

(2) 生产者。

生产者主要指参与产品生产的各种角色。生产者在生产过程中的具体操作直接影响产品的生产效率和产品质量。在这一过程中,产品的设计起着至关重要的作用,因为它是影响生产效率和产品质量的前提条件。产品的设计应充分考虑加工工厂的生产线、装配流程、工艺特点和生产管理方式,以实现最大限度的适应性;同时,需要考虑生产者在生产过程中的操作特点,力求减少装配零部件和装配工序,优化装配方法,降低组装难度等。总之,产品设计的具体问题需要从生产者的角度来考虑。

在产品设计过程中,设计者应与生产者密切合作,因为生产者的经验和反馈可以为产品设计提供宝贵的指导和改进建议。设计者通过与生产者协作,可以更好地理解产品在生产过程中遇到的挑战,从而优化产品设计,使其更易于制造、装配和交付。

(3) 营销者。

产品营销是将原始产品转化为市场上可流通的商品的重要环节。产品在投入市场之前,仅仅是生产出来的物品,尚不能被定义为商品。只有通过一系列商品化操作,使产品在市场上流通,才能够实现产品的最终价值。营销活动不仅仅是简单的产品销售,而是一个系统化的过程。在这个过程中,营销者的积极作用至关重要。例如,在制订促销计划时,广告部门会根据产品的特点进行创意视觉设计,同时在促销过程中会采用多种手段以充分展示产品的功能和结构。营销活动还涉及许多其他因素,如送货和安装等售后服务,以及移动、运输、仓储、商品分类等环节,这些都是不可忽视的。此外,还需要考虑不同的销售场所和环境,因为不同的销售场所可能需要不同的销售策略和方法。例如,电子产品公司在推广其新款智能手机时,不仅要关注产品本身的特点，而且还应根据不同市场的需求制定不同的营销策略。在城市地区，他们可以强调手机的高性能和多功能性；而在农村地区，他们可以侧重于强调手机的耐用性和长续航。

（4）使用者。

产品的使用者是指购买、拥有或使用产品的个人、团体、组织及任何与该产品进行交互的群体。产品的使用者在整个产品生命周期中都扮演着关键的角色。从产品的购买、使用阶段，到可能的维护、升级和最终淘汰阶段，产品使用者都是重要的参与者和共创者，因此，理解产品的使用者对于制定成功的产品策略至关重要。

不同的使用者可能有不同的需求、偏好和期望，因此在产品设计和开发过程中要注意区分他们的差异。例如，对于最终消费者而言，产品的性能、外观和用户体验是关键因素；而对于企业客户，他们则可能更关注产品的成本效益、可扩展性和集成性。

在产品设计过程中，将使用者的角色置于核心位置，深入了解使用者的行为模式、文化差异、技能水平等，有助于设计者设计出更贴近市场需求和用户期望的产品。

（5）回收者。

产品回收者是指在产品生命周期结束或用户不再需要时，负责将废弃产品或废弃产品的材料进行回收、处理和再利用的实体或个体，包括专业的废物回收公司、回收站、政府机构、环保组织等。

在如今的大规模生产和消费的时代背景下，我们不得不面对产品更新速度不断加快导致的资源浪费问题。因此，设计者在设计产品的过程中，必须将产品的有效回收和再利用视为优先考虑的要点，这是确保产品在生命周期结束时仍能继续发挥价值的关键因素，这对于践行可持续发展理念具有深远价值和意义。

【拓展视频】

4.2.6 SET 要素分析

SET 要素是指社会（society）、经济（economy）和技术（technology）这三个要素（图 4-28），它们的改变会创造出新的产品机遇。

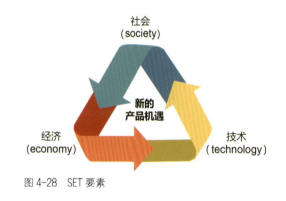

图 4-28 SET 要素

1. 社会要素

社会要素是指社会生活和文化中各种相互作用的要素。社会是人们共同生活的环境，是由各种关系紧密相连而形成的综合体。社会不仅仅包括人，还涵盖了文化、时代和社会背景等多种要素。社会要素对于产品是否被用户接受和产品是否能融入人们的社会生活有重要影响。同一款产品在不同的社会文化背景下可能产生不同的作用，从而引发截然不同的效果。文化的多样性导致人们对待事物的态度差异明显，例如，"龙"这一形象在中国传统文化中有着无可替代的地位，而在西方文化中，"龙"却被视为邪恶的象征。因此，在使用特定符号进行设计时，必须谨慎考虑目标受众如何看待这一符号，这对于产品设计是否成功至关重要。如果一款产品违反当地的社会习惯，通常会受到当地人的拒绝和排斥。因此，无论是将已成功的产品推向新市场，还是设计全新的产品，都需要深入了解并尊重当地的文化和社会习惯，以便优化产品，使其与当地文化相融合。

以微信为例，微信不仅仅是一个通信工具，更是一个融合了社交、支付、购物，以及公共服务等多种服务的生活伴侣。微信的成功不仅仅是因为其提供了多种服务功能，更因为它深刻理解了中国社会和文化，通过适应当地需求和习惯，成功地融入了中国人的生活。举例来说，微信的红包功能成功地将中国传统的红包文化数字化，用户可以通过微信发送和接收红包，这在中国文化中代表着传递好运，尤其是在春节期间，用户频繁使用这一功能。此外，微信支付是中国移动支付的重要组成部分，用户可以轻松使用手机进行支付，不论是购物、点餐、乘坐出租车还是向朋友转账，都非常便捷。这符合中国现代化社会生活的方式。微信推出的微信红包封面开放平台，是微信红包面向品牌主开放的封面付费定制平台，定制方可自主设计封面样式、创建封面故事，定制专属的微信红包封面，这一功能充分展示了微信红包功能的社会生命力。

2. 经济要素

经济要素通常是指影响消费者购买行为和市场环境的核心因素，包括经济发展状况、居民收入水平、消费结构及经济政策等。这些要素与市场需求和购买力紧密相连。在产品设计中，经济要素涵盖宏观与微观两个层面：宏观层面涉及整体经济走势、利率变化和金融市场动态等；微观层面涉及个人可支配收入、消费目标及消费动机等。此外，心理经济学致力于研究人们对生产关系和经济政策的心理反应规律，为理解消费者行为提供理论支持。一个成功的产品，不仅需要具备创新性的创意与设计理念，还需要拥有商业化潜力，并能够将这种潜力转化为实际经济价值，从而为企业创造利润。否则，即使创意再优秀，也难以实现市场化。

下面以华为手机为例对产品经济要素展开探讨。

（1）经济发展状况在产品设计中具有重要意义。随着中国经济的快速增长，越来越多的人拥有了更强的购买力。华为在智能手机领域获得成功，部分原因是它能够提供多样化的产品，满足不同经济水平的消费者需求。从高端旗舰手机到中档、入门级手机，华为不断扩大产品线，以适应不同消费者的需求。

（2）竞争态势对产品定价和市场定位产生深远影响。在智能手机市场，华为需要与国内外竞争对手竞争，这些竞争对手包括小米、苹果等知名品牌。经济因素在定价策略中扮演着关键角色，华为需要在确保盈利的同时，提供有竞争力的价格，以吸引更多消费者。

（3）市场需求也受经济要素影响。随着5G技术的普及，消费者对高速数据传输和卓越性能的需求不断提升。华为能够顺应这一趋势，推出支持5G网络的手机，满足了市场需求，取得了市场份额的增长。

总之，经济要素在华为手机的产品设计和市场策略中扮演着关键角色。通过设置灵活的产品线、有竞争力的定价和市场需求的把握，华为手机成功地在智能手机市场中站稳脚跟，成为一家具有国际影响力的品牌，这凸显了经济因素对产品设计和市场成功的重要性。

3. 技术要素

技术要素是指与产品相关的各种先进技术和科学知识，涵盖了产品的设计、制造、运行等。技术要素包括了新材料和新工艺的发明与发现、计算机和电子工业的技术创新、微生物技术，以及与娱乐、运动、电影、音乐等相关的技术应用。这些技术要素在产品设计和制造中发挥着重要的作用，它们不仅影响着产品的性能，而且推动着社会的发展和进步。

新技术的出现通常会引发巨大的变革。例如，工业革命中蒸汽机的发明极大地推动了工业化进程，改变了人们的生产和生活方式。同样，信息技术的兴起和计算机的普及开启了信息时代，催生了电子产品，促进了移动应用的大规模发展。技术要素是工业设计中不可或缺的元素，它决定了一个设计概念是否能够成为实际可行的产品方案。因此，在产品设计过程中，充分利用和整合新技术是取得成功的关键之一。

以米家扫拖机器人X20为例，其成功的关键在于整合新技术的能力。首先，米家扫拖机器人X20使用激光导航在家中高效移动，并采用避障技术来降低撞到家具等物品的风险，确保了清扫的连贯性，使其在家中自如穿行，提供了更加智能、便捷的用户体验。其次，米家扫拖机器人X20具有语音控制功能和提醒功能，用户可以通过语音提醒或小米应用程序跟踪清洁进度，还可以控制真空吸尘器的设置并设置时间表。此外，米家扫拖机器人X20还具有智慧返回清洗拖布的功能，每次在清洁室内区域时，它都会自动返回基座清洗拖布，确保拖布干净，使用户放心。综合来看，米家扫拖机器人X20通过整合新技术，成功地提供了高效、智能、多功能的用户体验，彰显了中国科技企业在实体产品设计和开发领域的创新实力和领先地位（图4-29）。

【拓展视频】

图4-29 米家扫拖机器人X20（图片来源：小米官网）

4.2.7 环境要素分析

1. 宏观环境分析

产品的宏观环境分析涵盖人文、经济、自然、技术、政治法律和社会文化等多个方面（图4-30）。尽管各要素在一定程度上是独立的，但它们之间又相互作用，既可能创造新的机会，也可能带来潜在的威胁。鉴于这些要素的动态变化，企业必须加强对宏观环境的深入分析与研究，以准确理解和适应环境，采取有效措施，在激烈的市场竞争中生存与发展并保持竞争优势。故系统的环境要素分析不仅能帮助企业识别潜在风险，还能发现新的市场机遇，从而为制定前瞻性战略提供支持，以应对快速变化的市场环境。

2. 微观环境分析

微观环境分析可从产品发展现状、竞品分析、品牌分析和消费者购买行为分析几个方面展开。

图 4-30 宏观环境分析示意

（1）产品发展现状。

在设计一款产品之前，设计者需要了解该产品的发展现状，这是开展设计活动的基准。一方面，设计者需要分析产品所处的生命周期阶段。产品生命周期通常包括开发期、导入期、成长期、成熟期和衰退期（图4-31），产品所处的生命周期阶段不同，设计策略和重点也会有所不同。另一方面，设计者所要设计的产品一定是结合时下的社会及市场需求、当前产品所采用的技术、当前目标用户的需要和审美偏好等来构想产品的设计方案。若设计者没有对产品的发展现状展开分析，则很容易让设计陷入自我表达的怪圈，产生的设计方案也不会被市场和用户认可。

以设计一款新型智能手表为例，从产品所处生命周期阶段的角度具体分析：在开发期，设计者需要确定产品的关键特性，如智能功能、设计风格和使用场景，通过初步原型制作和市场研究来确保产品满足未来需求。随着这款智能手表的开发完成并推向市场，它进入导入期，销售额可能相对较低，因为用户需要时间来了解和接受新产品。因此，设计策略可能侧重于市场营销，以展示其智能功能和与现有产品的差异。做好导入期的工作，这款智能手表会逐渐获得市场认可。进入成长期，销售量迅速增长，在这个阶段，设计策略的重点可能是满足不断增长的需求，增强生产力，同时提供新的应用程序和服务，以满足用户多样化的需求。当市场饱和、竞争加剧时，这款智能手表就进入了成熟期，设计者需要优化成本，改进产品特性，以确保产品具有持续竞争力，并尽可能提供更多的配件或增值服务，留住现有用户。最终，随着竞争产品的增多，市场对这款智能手表的需求可能开始下降，产品进入衰退期，

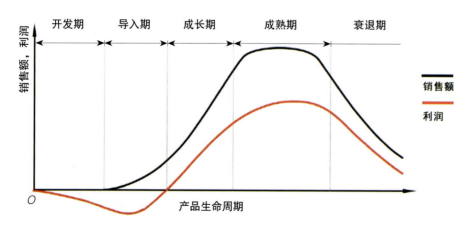

图 4-31 产品生命周期

在这个阶段，设计者可能需考虑淘汰产品或重新进行产品定位，如推出更新版本的手表或将资源转向开发新的智能设备上。综合而言，设计者了解产品生命周期的各个阶段有助于指导设计产品，确保产品在不同生命周期阶段能够适应市场需求并保持竞争力；同时，设计者还需密切关注市场趋势、竞争情况及用户反馈，以确保产品成功。

(2) 竞品分析。

企业开发设计一款产品大多数情况下是在已有产品的基础上去改进和优化的，纯创新性的产品一般较少。开发设计一款新产品需要设计者对该产品的市场竞争格局展开分析，也就是常说的竞品分析。在设计产品之前开展竞品分析具有两方面的重要意义：一方面，借助竞品分析，设计者可以迅速为产品及用户"画像"，明确正在设计的产品服务对象是谁，也可以直接切入竞争环境，找到产品应该强化的特色；另一方面，竞品分析的水平能充分体现设计者对产品设计价值的理解、对产品生产的掌控，以及对产品市场的熟悉程度。

(3) 品牌分析。

品牌分析是指专业的品牌研究分析人员根据长期的品牌监测数据，对行业品牌母体进行全面的分析，并根据行业品牌总体表现分析行业品牌生态、品牌演化阶段和演化趋势。这种品牌分析包括品牌识别系统分析、品牌触点分析、品牌生态位分析、品牌指数分析、品牌竞争格局分析、品牌成熟度分析、品牌趋势分析、品牌体验分析等。

对当下产品进行品牌分析对于把控产品的整体风格设计非常重要，尤其对于时尚类产品诸如手表和首饰来说，挖掘品牌的结构设计很有必要，这不仅仅能向消费者传递功能价值，更重要的是能传递独一无二的情感价值。

(4) 消费者购买行为分析。

人们的需求都依赖于市场，都要通过具有支付能力的特定购买行为得到满足，因此消费者是市场的主人，市场营销的核心就是满足消费者的需求。企业只有分析和研究消费者的特征和需求及其影响因素，研究消费者的购买行为及其自身特有的规律，才能有效地开展市场营销活动，实现营销目标。

消费者购买行为研究是一个较为庞杂的理论体系，它融合了多个学科领域，包括消费心理学、市场营销学和社会学等。深入研究消费者购买行为特征，可以有效地引导设计者对消费者群体进行分类，从而为设计者构建用户画像提供有力支持。江子馨等在《基于购买行为的文创产品消费者画像构建研究》中强调，研究消费者群体的购买行为特征在产品设计前至关重要，并提出消费者购买行为观察与需求挖掘的三个维度，如图 4-32 所示。首先是行为能力，这个维度关注消费者的购买决策能力，从消费金额、决策速度和采购频率等因素入手，可更好地理解购买行为；其次是目的动机，大部分产品的价值可分为功能性价值和情感性价值两类，产品可能因为功能属性被看中，也可能因其可以满足某一群体的情感需求而被选择，通过了解消费者行为目的与动机，可以迅速掌握消费者的核心价值取向；最后是态度意识，消费者对产品所持有的态度，一定程度上反映了他们的身份个性与认同意识，消费者在社会性与自我性之间的平衡状态，直接影响其对私属物品和社交属性物品的购买比例。

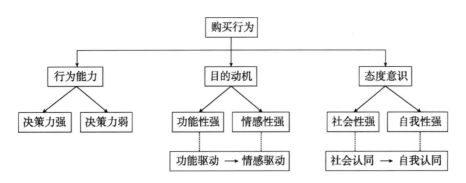

图 4-32 消费者购买行为观察与需求挖掘的三个维度

4.2.8 体验要素分析

1. 体验的概念

体验的英文"experience"一词源于拉丁文 experientia，意指尝试的行为。《现代汉语词典（第7版）》对体验的解释是"通过实践来认识周围的事物；亲身经历"。《大英百科全书》对体验的定义是"通过观察或参与获得实用的知识或技能"。在哲学领域，古希腊哲学家亚里士多德认为，体验是感觉记忆，是由多次同样的记忆一起形成的经验；而在心理学领域，体验则被定义为一种受外部刺激影响导致的心理变化，即情绪。

分析体验的相关定义和解释可以得出：体验是人在特定的外界条件作用下产生的一种情绪或情感上的感受，包括主体（人）、感知、感受、环境四个要素。人是体验发生的核心，个体的特点、需求、背景及心理状态会影响其自身的感知和感受体验，人的文化、情感、价值观等因素在体验中扮演着重要的角色，影响其解释和评价所体验的事物。感知是个体通过五感（视觉、听觉、触觉、嗅觉、味觉）感知外部世界的能力，反映了个体如何察觉和理解与之互动的事物、环境和情境。感受是指个体在体验中产生的情感状态，涉及个体的情绪、喜好、满意度等方面。环境是体验发生的背景，包括物理环境和社会文化环境，物理环境指的是场所、空间、氛围等，它们会直接影响感知和感受；社会文化环境则包括社会风俗、价值观等，它们塑造了个体的期望和态度。这四个要素在体验中相互作用，共同决定了体验的质量、效果，理解并综合考虑这些要素，可以帮助设计者创造出更具深度和影响力的体验。

21世纪被称为体验经济时代，是继农业经济、工业经济和服务经济阶段之后的第四个人类经济的发展阶段。体验经济早在20世纪70年代由美国著名未来学家阿尔文·托夫勒在其《未来的冲击》一书中提出。《哈佛商业评论》给"体验经济"作出如下定义：体验经济就是企业以服务为舞台，以商品为道具，以消费者为中心，创造能够使消费者参与、值得记忆的活动。其中的商品是有形的，服务是无形的，而创造出的体验是令人难忘的。例如，华为通过注重产品设计，用户友好的界面、多感官体验、品牌故事及零售店的体验设计等方面的创新，成功地实现了与消费者的情感连接，赢得了广大消费者的喜爱，这证明了在体验经济时代，注重用户体验是取得商业成功的关键因素之一。

2. 体验设计

关于体验设计，迄今为止没有一个明确的定义，目前国内文献普遍使用的定义为体验设计是将消费者的参与融入设计中，是企业把服务作为舞台，把设计作为道具，把环境作为布景，使消费者在过程中感受美好体验的设计。

在很多场景中，体验设计和用户体验设计经常被混为一谈，虽然少了"用户"两个字，但体验设计和用户体验设计是两个完全不同的概念。用户体验设计是一种以用户为中心的设计方法，专注改善用户与产品、系统或服务的互动过程中的感受和满意度，它关注用户在使用过程中的情感、需求、期望和行为，旨在确保用户能够轻松、愉悦地实现目标。而体验设计涵盖的内容更广泛，涵盖了更多的设计领域和触点。体验设计不仅关注用户与特定产品或界面的互动，而且包括整个环境、场景、过程和情感的综合体验，是将多个元素融合在一起，创造出一个深度、一体化的感知和情感连接，涉及物理环境、情感共鸣、文化元素、品牌价值等多个方面。

习　题

1. 请列举一款具有教育功能的产品，并就该产品所体现的教育功能展开论述。
2. 请列举一款在色彩处理上暗示产品结构的产品，并分析色彩是如何暗示产品结构的。
3. 请从汽车、复印一体机、智能洗衣机中选择一个产品，绘制该产品的功能系统图。
4. 请对垃圾桶的使用空间展开分析，从室内和室外的两个角度分别罗列设计垃圾桶要考虑的改进点和创新点。

【在线答题】

第 5 章
系统设计思维

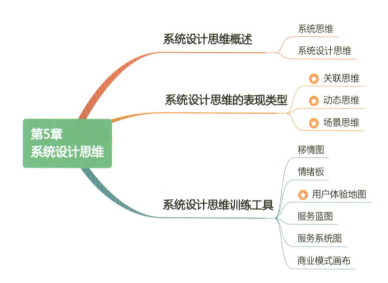

5.1 系统设计思维概述

系统思维源远流长,自贝塔朗菲发表系统科学代表作《一般系统论:基础、发展和应用》以来,系统思维在各行各业都得到了不同的发展和应用。从系统思维的实践应用来看,在处理和解决各类综合复杂问题时,具备系统思维非常关键,但比较遗憾的是,在各个行业,系统思维的使用远远没有达到普及的程度。无论是身兼要职的政府人员,还是工业产品设计者,系统思维都会带给其全新审视问题、解决问题的视角。

不谋万世者,不足谋一时;不谋全局者,不足谋一域。系统观念是马克思主义认识论和方法论的重要范畴。党的二十大报告深刻阐述了习近平新时代中国特色社会主义思想的世界观和方法论,即"六个必须坚持",其中第五个是"必须坚持系统观念"。

5.1.1 系统思维

系统思维作为一个整体性的思考方法和方法论,在现代科学和哲学中被广泛使用。系统思维的发展是一个逐步演化的过程,涉及多个领域,许多思想家、科学家和哲学家在不同的时期都为系统思维的发展作出了贡献。古希腊哲学家亚里士多德在他的著作《形而上学》中探讨了事物的本质和属性,强调了整体和部分之间的关系,提出的综合性思考和对自然界、现实世界的分析影响了后来的系统思维。近代,巴里·里士满博士对系统思维也作出了定义,他指出:系统思维是一门科学和艺术,通过不断深入理解其内在结构可对行为作出可靠的推断。

我国古代的系统思维在表达和术语上与现代系统思维略有不同,但其核心概念强调整体性、相互关系、平衡和变化,与现代系统思维的内涵如出一辙,正如刘长林在《中国系统思维:文化基因探视》中提出的:系统思维乃是中国传统思维方式的主干。例如,中国古代哲学和自然观念基石之一的阴阳五行学说强调宇宙的变化和事物的相互关系,将自然界的变化和现象归结为阴阳相互转化和五行相互作用的结果,强调各个要素之间的相互联系和平衡;老子的《道德经》也强调自然的整体性和"无为而治"的原则;儒家强调人与人之间的关系和社会的和谐,孟子提出的"天下为公"观念,以及"仁、义、礼、智、信"等价值观,体现了社会整体的目标和价值取向;中医药学强调身体的整体健康和平衡,将人体看作一个有机的整体,强调了脏腑的相互作用、阴阳的平衡及气血的流通;古代中国农家学派则关注农业和生态系统的平衡,强调土地、水利和环境管理的重要性。这些传统思想都强调整体性、相互关系、平衡和变化,体现了一种系统性的思考方式,学习这些思想有助于理解自然、社会,以及个体与社会整体之间的关系。

如今我们的现实生活也充满着各种系统,如计算机系统、医疗系统、生态系统等,这些系统中均包含着一定的系统思维。

以人的思维习惯为例，大多数情况下，人们思考问题时往往只会考虑一个维度："这件产品怎么用？""这套衣服好不好看？""这个店铺的评价怎么样？"，若这一维度认识清楚了，就认为该问题解决了。但实际情况并非如此，产品的使用方式、衣服的款式、店铺的评价都只是问题的一个维度或一个组成要素，而这种直线的、单向的、单维的、缺乏变化的思维方式称为线性思维。用线性思维考虑问题时，往往考虑的只是一个非常局限的"点"，但在真实世界中，问题通常比人们认识到的复杂，有时候甚至完全不是人们所认为的那样。

产品设计是一项复杂的系统性工作，要求设计者具备全面的系统思维能力。在开展产品设计工作时，设计者不仅需从产品本身出发，综合考虑功能实现、造型风格、材质工艺及人机尺寸等内部要素，而且应关注市场趋势、技术演进和文化背景等外部因素。只有将产品视为一个复杂系统而非孤立的单一实体，设计者才能在多维度中实现平衡与优化，打造出更符合实际需求的产品设计方案。

系统的关键就在于它不是一大堆东西堆砌在一起，而是这些要素之间存在强烈的关联。

因此，相较于线性思维只考虑一个"点"而言，系统思维考虑的往往是由很多个"点"构成的"面"，厘清"面"的问题，不仅要认识构成"面"的"点"，而且要厘清这些"点"之间的相互关系。综上所述，系统思维有助于人们发现问题的根本，看到事物的多种可能性，从而使人们更好地管理、适应复杂性挑战，把握新的机会。

5.1.2 系统设计思维

贾姆希德·格哈拉杰达基在《系统思维：复杂商业系统的设计之道》一书中指出"设计是一个从已有的、纷乱复杂的不可用部件中，创造令人兴奋的可用整体的直观过程。"

从20世纪开始，设计实践的关注点由实体产品的外观向意义、结构、交互和服务方向转变（图5-1）。实体工具（如锤子）相对来说交互较简单，制作方式也较简单，但是一款软件产品就会复杂得多。工具的复杂化、工具所处环境的复杂化要求人们以系统思维方式来分析工具和产品。

从专业性质来看，工业设计是多学科交叉的，知识背景来源于机械科学、信息科学、人体科学、美学、管理学等多个学科。设计是为了优化和改善人与物之间的关系。设计者在

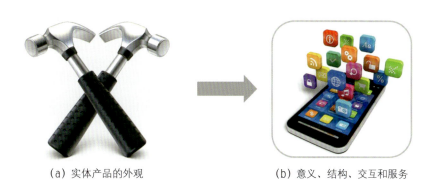

(a) 实体产品的外观　　　　(b) 意义、结构、交互和服务

图5-1　设计对象的转变

工作领域需要应对多种不同深度和广度的产品设计开发任务，无论是简单的局部优化和改良，还是设计前期的研究策划，乃至后期的产品迭代维护等，都要求设计者全面、综合地考虑各个设计要素，具备独立、敏锐的系统设计思维。

从系统设计思维的概念出发，可将系统设计思维拆解为设计思维和系统思维。

设计思维是一种以人为本的创新思维方式，是以创造性和创新性为核心的问题解决方法，强调从多个角度考虑问题，鼓励非传统的思考方式，其目标是找到创新的、人性化的解决方案；在设计方法上设计思维经常通过用户画像、用户旅程图、故事板、头脑风暴法等来推动设计创新。而系统思维是一种综合性、有逻辑的抽象思维方式，强调将问题或事物视为一个相互关联、相互作用的系统，从整体的角度来分析、理解和解决问题；系统思维经常采用系统图、系统仿真、信息架构、模型化分析等方法来解决设计问题。

产品设计是一项复杂的、综合性的活动，而产品是一个由要素组成的系统。从这两个角度来看，产品设计不仅需要设计思维，而且还需要系统思维。而设计者需要具备的系统设计思维就可以理解为是设计思维和系统思维的交集和综合（图5-2）。

如今，设计的边界不断被打破，从事工业设计的人员可以跨界做交互设计、用户体验设计、互联网产品设计、服务设计等。这一方面反映出信息化、智能化时代背景下工业设计专业的内涵与外延的拓展，另一方面也折射出整个设计行业的交叉融合。在跨界、融合越来越重要的行业背景下，设计所面临的问题越来越复杂，涉及的领域也越来越广泛。

系统设计思维是一种顶层思维，强调逻辑性和统一协调性，设计者面对复杂设计问题时，系统设计思维能够帮助其抽丝剥茧，洞察问题，分析复杂事物背后的规律，理解事物的本质，梳理及平衡各方利益关系，从而辅助设计者提供系统化解决方案，故设计者应具备系统设计思维。

从贝塔朗菲提出的一般系统论的要点可以得出，系统具有整体性、关联性、动态性、有序性和目的性的特点，设计者如果能够深入

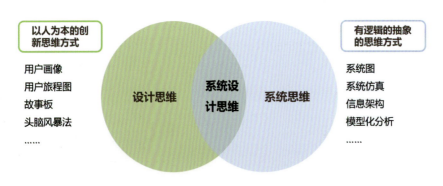

图5-2 系统设计思维解析（图片来源：《设计师的系统思维》）

理解并灵活运用这些特性，就能够透过系统视角全面地分析设计问题的本质，进而提出完善的产品设计方案。从系统本身所具有的关联性、动态性等出发，编者认为可将设计者需要具备的系统设计思维解读为关联思维、场景思维和动态思维，如图5-3所示。

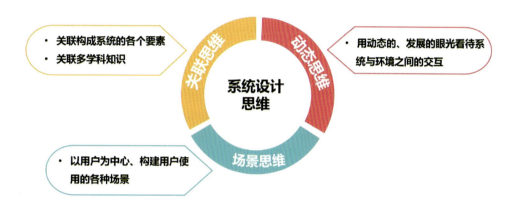

图 5-3　系统设计思维的三种表现类型

5.2　系统设计思维的表现类型

5.2.1　关联思维

系统设计思维与众不同的地方在于它主张普遍联系地看问题，整体地分析问题。关联思维于设计者而言，就是要秉持系统设计思维的主张，用联系的、整体的眼光看待产品的设计问题。首先，在设计产品时不能孤立地考虑产品本身，而要同时考虑与产品相关的其他要素，如用户、市场、环境等。其次，从工业设计专业的学科交叉性出发，在产品设计开发的过程中，设计者须了解工程、美学、心理学、信息交互等学科知识，深入全面地开展设计工作。

产品是环境中的产品，产品与其所处的环境、所面对的用户之间有信息的输入和输出，是相互关联的。发现并建立产品系统的"人－机－环境"间的关联性，是认清产品本质的关键，关联思维也因此成为产品系统设计过程中重要的基础思维模式之一。

系统整体是由系统的功能、系统的结构、系统活动的过程及系统所处的环境共同定义的。系统的功能定义了系统的产出或结果，系统的结构定义了产品系统的组件及组件之间的关系，系统活动的过程定义了各项活动的次序及怎样做才能产生结果，系统所处的环境定义了系统所处的独特环境，如图 5-4 所示。系统的功能、结构、活动的过程与所处的环境是紧密关联的，任何一个环节发生变化，都会影响系统的整体表现。设计者在思考与解决设计问题时，需要具备关联思维，对产品系统所关联的各个要素进行统筹考虑，如产品的功能实现效果如何，产品的功能实现需要借助哪些组件及组件之间的关系来达成，产品的可用性、易用性如何，产品的使用所依赖的环境和构建的场景是怎样的，等等，通盘考虑这些问题后，才能更好地达成系统目标。

通过制作图表的方式进行实践是培养学生关联思维的有效方式。图表可以将整个系统中事物的相互影响和协作变得形象化，并能使学生更好地理解它们，进而辅助学生分析其所面对的系统，从而提出改进方案（图 5-5）。图表可以是简单罗列信息的表格，也可以是思维导图。通过组织学生对设计课题相关联的系统要素进行探讨和列举，帮助学生打破原来片面地、局部地看问题和分析问题的思维习惯。

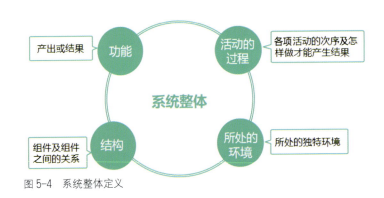

图 5-4 系统整体定义

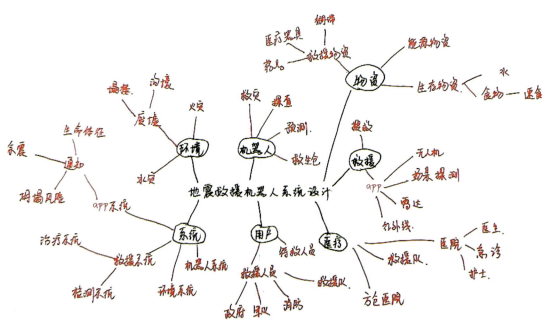

图 5-5 关联思维训练示例（设计者：李佳欣）

5.2.2 动态思维

爱因斯坦说过:"要解决我们面对的重要问题,不能停留在当初制造它们的思维层面上。"动态性是系统科学方法的特点和原则之一,客观世界存在的一切系统,无论是内部组成它的各个要素之间,还是系统与环境之间,都存在物质、能量和信息的流通和交换,它们之间相互联系、相互作用的关系也是在变化中发展的。

如今,设计者所面临的设计问题比以往更加复杂多样。产品系统的各个构成要素,如造型风格、表面工艺、材料选择及用户需求等,均处于动态发展和持续变化之中。这种动态性要求设计者具备敏锐的洞察力,能够深刻理解变化趋势,识别变化中的核心需求,并将设计过程视为一个不断调整和优化的循环系统。

一般系统论的要点指出,系统具有动态性,设计者要把握系统设计思维,就必须用动态的眼光来审视设计对象。智能化、信息化时代背景下,产品的交互设计和用户体验设计改变了设计中以物为对象的传统,直接把人的行为作为设计对象。而人的行为是动态发展变化的,设计者需要通过持续地观察、分析数据、优化体验,才能够创造出更符合用户需求的产品,实现真正的以用户为中心的设计。设计者运用动态思维进行产品设计开发主要关注以下内容(图5-6)。

1. 产品生命周期

动态思维可以帮助设计者考虑产品的整个生命周期,包括产品开发期、导入期、成长期、成熟期和衰退期等阶段。设计者需要根据产品的不同生命周期阶段的特点和需求,灵活地进行设计和创新。这可能意味着在制造阶

图5-6 运用动态思维时主要关注的内容

段采用新的技术,在使用阶段通过用户反馈了解产品的优缺点,从而进行持续的改进和优化,以及在废弃阶段考虑环保处理等,确保产品在整个产品生命周期内都能保持对用户的吸引力和功能的有效性。

2. 技术的不断发展

产品的更新优化与技术的不断发展紧密相关,现如今技术的发展速度较快,设计者需要持续地跟踪技术发展的新趋势,了解涌现的新技术及现有技术的改进。通过动态思维,设计者可以保持对技术前沿的敏感性,将新技术应用于产品设计中,以创造出更有创意和创新的产品,避免产品被技术的变革淘汰。

伴随智能化和物联网技术的快速发展,产品设计应能满足产品在多平台和多设备的环境下使用的特点和要求,因此设计者应了解不同平台的技术要求,确保产品在各个平台上都能够良好地运行。此外,设计者还要懂得将新技术应用于产品的交互和实际操作中,从而提升用户体验。如某国产手环(图5-7),内置了MIUI For Watch,能够和手机、电视

图 5-7　某国产手环

等设备互联，实现设备间的内容共享，使用户能够更深入地与手环进行互动，为用户提供更便捷的智能生活体验。

从产品技术不断发展的角度出发，具备动态思维的设计者能够不断适应技术的发展变化，通过紧密关注技术趋势、持续学习和应用新技术，设计者能够在技术不断发展的环境中保持敏锐的洞察力和创造力。

3. 用户体验的变化

用户的需求和偏好是随着时间而发展变化的。动态思维鼓励设计者与用户保持密切的互动，获取用户的反馈和意见。通过与用户沟通，设计者可以了解用户的期望和变化，从而及时调整产品设计，确保产品始终与用户需求保持一致。

以智能家居系统为例，动态思维可以预测用户体验的变化。随着科技的发展，人们对于家庭生活的期望也在不断变化。过去，智能家居系统主要关注基本的节能、安全功能；但随着用户对便利性和个性化的要求越来越高，未来智能家居系统将会更加注重与用户互动、智能化场景设定等。设计者可以考虑将更多的传感器、人工智能和自动化技术融入智能家居系统中，使其能够更精准地理解用户的行为和需求。用户可以通过声音、手势等更自然的方式与智能家居系统进行互动，实现更智能、更便捷、更舒适的生活方式。

4. 市场趋势预测

市场发展趋势、潜在机会和风险是设计者在产品设计过程中必须考虑的关键因素。通过运用动态思维，设计者可以预测市场的变化，及时调整设计策略，以确保产品在不同市场环境下都能够满足用户需求。以智能手表为例，市场趋势和机会对设计至关重要。通过运用动态思维，设计者预测到用户对健康监测、运动追踪、智能通知等功能的需求将会持续增长，故可以根据这些趋势，设计出功能更强大、更智能化的智能手表，以满足市场需求。

5. 环境和可持续性

在当今社会，环境问题已成为全球关注的焦点，用户越来越关注环境问题，他们更倾向于选择环保的产品。对于产品设计来说，考虑产品在环境方面的影响至关重要。设计者在设计产品时可以采用可再生材料、降低产品的能耗、提供循环利用方案等，满足用户对环保的期待。运用动态思维，设计者可以预测环境法规的变化、社会对可持续产品的需求、产品的市场趋势及竞争对手的举措等，将环保理念融入产品设计中，从而使产品具有更强的市场竞争力。

6. 竞争和变化管理

市场竞争激烈，竞争对手的动态变化会影响产品的地位和销售。设计者需要运用动态思维监控竞争环境，制定灵活的设计策略，以确保产品具有持续的竞争力。

总之，设计者运用动态思维，能够更好地适应变化和不确定性，从而在产品设计开发过程中作出更明智的决策。考虑产品的演化、技术变化、用户体验、市场趋势等因素，有助于设计者创造出具有持久竞争力的产品，满足市场和用户不断变化的需求。

5.2.3 场景思维

场景是指在特定的时间、空间内发生的一定的任务行动或生活画面。随着社会的进步，场景相关理论的研究与应用逐渐向传播学、营销学、设计学等诸多领域发展。在产品设计领域，场景的概念也很常见，如产品的使用场景等。围绕产品的目标用户，通过故事板、用户体验地图等形式构建和表现产品的使用场景。

从系统的观点来看，场景思维的应用主要是通过分析场景的构成要素设计场景，从而构建用户场景，挖掘用户需求。场景思维是以人为核心的一种系统化、综合性的问题思考和解决方式。运用场景思维时须模拟用户在具体场景下的行为、情感和需求，这要求设计者不仅要考虑单一功能或单一环节，而且要将整个场景视为一个系统，考虑各个要素的相互影响和关系。运用场景思维进行思考可以帮助设计者更好地平衡用户的不同需求，避免局部优化导致产品整体不协调。此外，运用场景思维不仅能让设计者关注用户当前的实际需求，还能挖掘用户的潜在需求。通过对场景的细致分析，设计者可以创造出更具创新性和前瞻性的设计。例如，专为户外"驴友"设计的多功能灯具（图5-8），就充分考虑了"驴友"在户外旅游探险过程的多种使用场景。该多功能灯具常态下可以当

图5-8 "驴友之光"——户外探险多功能灯具设计（设计者：李佳星）

手电筒使用；需要解放"驴友"双手时，可选择头戴式和吊挂式。考虑户外能源供应的问题，设计者还设计了太阳能充电板，使产品能够在户外不方便充电的情况下持续供电。通过运用场景思维，设计者可以更深入地了解用户需求，从而创造出更符合用户期望的产品。这个例子展示了如何从系统的角度出发，通过运用场景思维提出更综合、更创新的问题解决方式。

从产品的设计开发程序来看，工业设计的流程一般是将场景作为设计的切入点，按照"设计调研—洞察新的生活方式—定义符合新的生活方式需求的形容词、语句或意向图—设计表达"反复循环。青蛙设计公司最早提出了"好的设计必须从用户使用产品的一天的过程中进行研究"的观点，认为设计者在研究人们使用产品的各类场景时，应该通过人们在场景中的行为发现产品创新设计的机会。例如，用户在购买了打印机后，在连接打印机和计算机时需要花费很长的时间，用户甚至不知道该如何连接打印机或总是出现连接错误。这一连串的产品安装场景就提供了设计创新的机会。在任何一个场景中，用户与产品之间的任意一个触点所产生的互动与联结都可以被重新搭建，从而创造出新的提升和改进的机会。

在信息化、智能化时代，设计的对象从最初的只要求形态、材质、色彩的功能性产品转向基于互联网、智能化生态场景下的综合性产品。设计的对象不再是实物，而是与之相关的各种"事物"，场景是与用户相关的各种"事物"的集合。因此，在面对这样综合性的设计对象时，设计者要学会认识场景、解析场景、深度体会用户与场景之间的关系，从而系统地、全面地思考和认识设计问题，提出完善的设计解决方案。

综上所述，系统设计思维的要点总结如下。

首先，我们要将事物视为一个整体，这个整体是由相互关联的部分组成的，需要我们用关联思维全面地、综合地看待它。

其次，我们要用动态的、发展的眼光看待系统。任何系统与它所处的环境之间，都存在物质、能量和信息的流通和交换，它们之间相互联系、相互作用的关系也是在变化中发展的，因此动态思维对认识系统非常重要。

最后，系统是在各种使用场景中服务用户的，遵从以用户为中心的设计理念，通过构建各种产品系统的使用场景来充分地、全面地考虑设计问题，体现出场景思维的关键作用。

任何系统都是存在于特定的时空关系之中的，都可以从空间、时间两个维度上进行阐述。将关联思维、动态思维和场景思维与系统所处的空间、时间维度进行对应。关联思维、场景思维可以理解为在设计系统时要考虑的空间维度，设计产品系统时需要关联构成系统的各个要素、关联多学科的知识来认识和研究系统。还需要以用户为中心，采用场景思维，通过构建用户使用产品的各种场景来思考和设计系统。而动态思维则可以理解为在设计系统时要考虑的时间维度，因为系统与环境之间的交互不是固定不变的，而是随着时间的推移不断发展的，这就要求我们要用动态的、发展的眼光来看待和设计系统。

系统设计思维意味着设计者首先要从大局入手，深入挖掘，从其组成部分彼此之间的关系的角度来审视它们，从其与用户关联的各种场景的角度来观察它们；其次要用发展的眼光看待系统，认识到系统与环境之间的交互关系是动态发展的。系统思维是一种框架，能帮助人们形成思维上的习惯，这些习惯能够让人们感受到力量，知道自己有能力去处理问题，即便是最复杂的问题，并作出积极的改变。

【拓展视频】

5.3 系统设计思维训练工具

系统思维要求设计者以普遍联系、动态发展的眼光看待设计对象，避免陷入"线性""点状""自我发挥"的设计误区。为提升系统思维能力，掌握必要的系统思维训练工具至关重要。移情图、情绪板、用户体验地图等工具，能够引导设计者更好地践行以用户为中心的设计理念；服务蓝图、服务系统图、商业模式画布等工具，能够引导设计者从更宏观的层面去分析和解决问题，拓展思维边界。

5.3.1 移情图

移情图（empathy map）又称同理心地图。移情也称共情、同理心、同感，是人本主义创始人卡尔·R. 罗杰斯在 1975 年发表的 *Empathic: An Unappreciated Way of Being* 一文中所阐述的概念，也被定义为"站在别人的鞋子里"或"从另一个人的眼睛看"，指的是一种能深入他人主观世界，了解其感受的能力，代表着一种换位思考能力。

设计者须代表用户发声，挖掘用户的诉求和真实想法。因此，移情是设计者成功设计产品的一项核心技能。移情图可将协作方式可视化，是信息分析的框架，能将用户信息有效地表达出来，帮助设计者建立对用户需求的理解，并了解特定类型的用户情况，进而辅助设计者作出正确的设计决策。设计者借助移情图关注人们所说的、所做的、所想的和所感受到的，以达到与目标用户共情。

构建移情图须遵循一定的流程，包括确定范围和目标、收集资料、收集研究数据、在象限内逐个添加便签、聚类并整合相关的内容、打磨与优化六个主要步骤。

案例解读 5-1 >>>
构建移情图的流程

1. 确定范围和目标

（1）哪些用户是你绘制移情图的对象？

无论对象是谁，都应该用一对一的方法绘制移情图。也就是说每幅移情图都只针对某一个特定的目标。如果有很多个用户画像，那么每个用户画像都应该匹配一幅移情图。

（2）确定使用移情图的主要目的。
确保与移情图相关的成员都在场，并且要明确研究的范围和时间，从而顺利绘制移情图。

2. 收集资料
准备一块大的白板、一些便签纸和记号笔。将访谈结果以便签的形式贴在移情图的各个区域，方便成员迅速理解相关内容（图5-9）。

3. 收集研究数据
收集能够推动绘制移情图的研究数据。移情图是一种定性的研究方法，需要有许多定性数据。可以通过用户访谈、实地研究、研究日记、倾听会议和定性调查等获取定性数据。

4. 在象限内逐个添加便签
在获得了可使用的研究信息之后便可以以团队的方式开始构建移情图。每个人都应该单独阅读、分析和消化研究数据，并将相应内容填写在便签上，再将便签粘贴到适合的象限内。

5. 聚类并整合相关的内容
团队要一起将板子上的便签内容阅读一遍，然后将属于一个象限且内容相似的便签放在一起，用可以代表每组内容的主题对其进行命名，如"验证"或者"研究"。如果有必要，可以在每个象限内重复设置主题。这一聚类的过程有助于小组讨论，其目的是让小组成员对用户信息达成有效共识。

完成聚类之后就可以以小组的方式展开讨论，讨论内容包括：哪些内容是不属于任何象限的？哪些内容是在四个象限内都出现了的？哪些内容只存在于一个象限内？在信息理解中存在哪些问题？

图5-9　移情图：买手机

6. 打磨与优化

小组可以进行评估，如果需要更多的细节或有特殊的要求，可以通过加入一个额外象限的方法来调整移情图。根据制作移情图的目的，在对其进行修饰后进行数字化输出，并标明用户名称、待解决的问题、日期和版本号。随着研究的深入，还要做好对其进行不断调整的准备。

5.3.2 情绪板

情绪板（mood board）通常是指一系列图像、文字、样品的拼贴，主要是通过图像、颜色、文字等元素来呈现一种情感或氛围，本质在于将情绪可视化，从而帮助设计者更好地理解某个概念、主题或设计方案。

情绪板是设计领域常用的表达设计定义与方向的工具，它可以用来捕捉情感、激发创意、传达设计的情感和理念。随着设计的不断加深，图面的内容也会不断丰富，从而展现出一个更加完整的情绪，如图 5-10 所示。

1. 情绪板的作用

设计者在实际项目中，往往会出现如下的情况：设计者花了很长时间作出了精致的高品质设计，得到的却是客户的一句"这不是我想要的！"一般来说，在没有实物前，人们往往并不清楚自己要的是什么，但是在看到实物后，他们可以轻易地判断该物品是否符合自己的喜好或期望。因此，对于设计者而言，当客户不知道如何将自己的想法表达出来时，可以通过情绪板来表达。情绪板是一个非常有效的工具，它能够帮助设计者了解用户对风格的期望和需求，从而确定整个产品的设计基调。

如今，用户的需求和喜好日趋多元化，设计者需在设计的初始阶段，在审美哲学、情感价值、技术，甚至目标用户和使用方面设定一个基调。这个基调来源于客户对未来产品或产品线的愿景的描述。这些属性会影响设计者的设计过程，基调往往是可意会而不可言传的。设计者通常需要运用视觉术语来进行思考，因此情绪版有助于快速传达信息。

情绪板除了能帮助设计者作视觉研究外，还可以应用在用户访谈中，也可以帮助设计者收集更多关于用户内在需求及看法的信息，是非常重要的用户研究工具。作为可视化的沟通工具，情绪板能快速地向他人传达设计者想要表达的整体"感觉"。

图 5-10　情绪板示例（图片来源：car body design 官网）

2. 情绪板的内容

情绪板有两种常见的样式：一种是线下实体的情绪板，把搜集到的图片或者文字素材打印出来，然后根据需要贴到白板上；另一种是线上数字化的情绪板，相当于把实体情绪板搬到了线上，把计算机屏幕当作白板。

情绪板在工业产品设计、平面设计、服装设计、UI 设计等领域中都有应用。根据应用的场景不同，每个情绪板都是不同的，其内容会根据项目需要而有所不同。情绪板要包含尽可能多的元素，让设计者想表现的设计思路更清晰。一般情况下，情绪板的内容包括但不限于以下几种。

（1）图片。
图片包括品牌图片、图库里的摄影图片、产品图片、手绘图片、插画、LOGO 等。

（2）色彩。
色彩是情绪板的重要组成部分。根据搜集的素材，设计者能确定哪种色系跟整体需求更相近，再通过吸色来获得配色信息。

（3）隐喻。
视觉隐喻在品牌或图标设计中的运用较多，也可以运用在情绪板中。

（4）文字。
搜集与品牌或主题相关的文案，或者展示选用的某种特定的字体。

（5）纹理。
产品设计过程中涉及的纹理或图案都应该呈现在情绪板上。

（6）批注。
根据需要对情绪板中包含的元素进行解释说明，方便团队协同工作。

5.3.3　用户体验地图

用户体验地图是从用户角度了解产品、服务的重要设计工具，它是通过可视化的方法表现用户使用产品或接受服务的流程，包含用户的需求、期望、媒介、情绪变化等。

创建用户体验地图通常是通过画一张图，用讲故事的方式，从特定用户的角度出发，记录用户与产品或服务接触、互动的完整过程，并将用户的所做、所思、所感分别展现出来，以便更全面地了解产品或服务带给用户的体验，从而帮助设计者发掘可以优化的地方。

1. 用户体验地图的作用

首先，设计者在设计产品时，通常不可避免地从自己的视角出发，而不是考虑用户要什么。通过用户体验地图，可以让设计者从用户视角展开思考，按照用户使用产品的路径，把产品设计方案再重新梳理一遍。以互联网产品为例，通过用户体验地图，设计者会考虑用户怎么进入，每一步怎么体验，最后怎么离开等内容。

其次，设计者在设计产品时，需要发现和拆解产品现有问题。设计者梳理流程时使用用户体验地图，可以整合用户诉求，共创机会点，找出解决方案。在产品设计过程中使用用户体验地图作为设计工具，有以下益处。

（1）深入了解用户。用户体验地图可以帮助设计者更好地理解用户的需求、期望、情感和行为。通过观察用户在不同阶段的体验，设计者可以获取关于用户喜好、痛点和挑战的重要内容。

（2）整合视角。不同部门（如设计部、研发部、市场部等）和角色可能专注于用户体验的不同方面。用户体验地图提供了一个共同的视角，使不同部门团队成员能够共同关注用户的全局体验，促进跨部门合作和信息共享。

（3）发现机会和挑战。通过标注用户体验地图中的关键触点、用户情感和需求，设计者可以更容易地发现改进和创新的机会，同时能够识别出可能导致不良体验的问题和挑战。

（4）指导决策。用户体验地图可以为产品设计、功能开发、界面布局、营销策略等提供指导。设计团队可以根据地图中的信息作出更有依据的决策，确保设计和开发的方向与用户需求一致。

（5）提高用户满意度。通过了解用户在整个互动过程中的情感和体验，设计者可以有针对性地提升用户体验，从而提高用户的满意度和忠诚度。

（6）有效沟通。用户体验地图是一个可视化的工具，可以帮助设计者更好地传达他们对用户体验的理解，有助于避免误解，确保所有参与设计的人员对用户需求有一个共同的理解。

（7）持续优化。用户体验地图不仅适用于产品的初次设计，还可用于持续地优化和改进产品。设计者可以随着时间的推移更新用户体验地图，以反映用户反馈和新的发现。

总之，用户体验地图是一个强大的工具，可以帮助设计者更好地理解、设计和优化用户体验，从而设计出更具吸引力和更有价值的产品、服务或品牌。

【拓展视频】

2．用户体验地图的制作

用户体验地图的制作大致可以分为两个阶段：准备阶段和制作阶段。

（1）准备阶段。

用户体验地图的制作并不是一个独立的过程，它依赖产品前期的用户研究，同时需要做如下准备。

第一步：观察用户行为，访谈用户。用户研究最好的方式是实地调研。设计者直接与用户交流，了解他们的想法，感受他们的体验。如果条件有限，也可以采用电话调研，尽可能多地搜集一手资料。

第二步：确定用户画像。用户研究后，设计者可以通过总结大多数用户的典型行为特征，从而得到该产品的用户画像。用户画像决定了设计的视角，后续的设计都将以此为基础。一般来说可以从五方面来描述一个用户画像：基本信息、日常工作形态、对产品的印象、目标、面临的挑战。

（2）制作阶段。

下面用一个实例来讲解用户体验地图的制作阶段。

设计案例 5-1 >>>
老年人乘坐无人驾驶公共交通工具的用户体验地图

1．确定用户需求，拆解用户行为

根据实际场景，设计者可以先将用户行为概

括为几个阶段,再把每个阶段分解为各个行为节点,用简短的中性动词来描述这些行为节点,最后将这些行为节点按时间轴排序。

行为节点的定义:当人们本能地去使用一个工具来满足一个需求的行为就是一个行为节点。例如:学习一个新知识,做一个动作,发现新内容,看一个东西,或者买东西等。在这些时刻用户需要作出决定,形成行为偏好。

通过分析用户需求、拆解用户行为可以将老年人乘坐无人驾驶公共交通工具的过程拆解为九个行为阶段,分别是:购物结束去乘车、到达候车站、登车、刷卡、入座、行驶中、到站、下车、回家。从每个关键阶段找出主要行为,并用可视化的表现手法表达出来(图5-11)。

2. 补充纵坐标中各行为节点的内容

补充的所有内容均应以已经拆解的用户行为为基准,切不可随意填充无关行为的内容。

此时可针对主要阶段,补充用户的思考、情绪变化及痛点。

触点是指用户在一个服务过程中进行交互的对象,可以是人、网站、app、设备、物料、场所等。当用户碰到一个触点时,会自然而然地把预期体验跟实际体验进行对比,然后形成对此产品或服务的认知体验。也就是说触点是影响用户体验的载体,设计者可以通过改变载体,进而改变用户体验。

3. 分析各行为节点的用户目标

根据调研和对用户的观察,标注出每个行为节点的用户目标。该目标是指用户付出行为成本后想达到的结果,这个结果是用户真正想要的东西,行为只是为了达到结果而采取的一种手段。若用户目标完全实现了,则用户体验自然是很好的,反之则用户体验很差。帮助用户实现其在每一个环节的目标,是提升用户体验的有效方法。因此各行为节点的用户目标几乎就是产品设计的指导原则。在

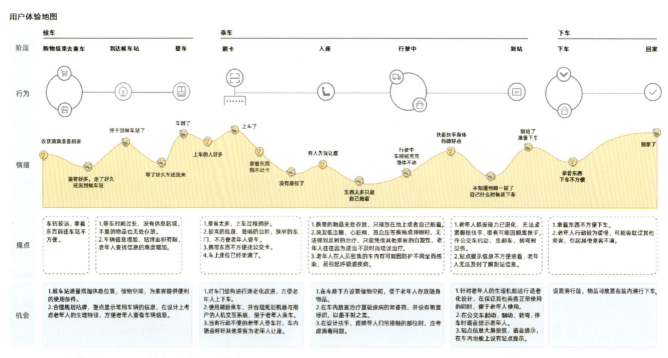

图5-11 用户体验地图应用示例(设计者:赵逸宣)

与用户交谈的过程中，可以采用"攀梯术"来挖掘行为背后的目标。

4. 标注各行为节点的问题点

问题点也是通过观察和访谈用户得来的，这些问题点是用户目标没有达成的具体表现，问题点越多说明该行为节点的体验越差。但值得注意的是，解决了全部问题点，并不代表实现了用户目标，因为还可能有隐藏的、未被发现的、连用户自己也不知道的问题点。

5. 总结各行为节点的用户情绪水平

通过梳理用户的问题点，设计者可以根据问题点的数量来衡量每个行为节点的用户情绪水平，从而发现痛点在哪个环节。一般可以用积极、平静、消极这三种情绪水平来表述用户。至此，用户体验地图帮助设计者深入了解和帮助产品团队整合视角的作用已经发挥出来了。

6. 针对痛点探索可行的解决方案

先根据自己的经验，参考竞品，预设一些解决方案，然后组织团队一起思考和探讨。向团队讲述上述第1步至第5步的过程，让大家一起进入用户体验地图，以用户的角度梳理一遍流程。在这个过程中，若发现用户体验地图中存在偏差和遗漏，大家可以一起修正。流程走完，回到第6步，此时大家的想法已经统一了，该步骤有利于探讨出大家都认同的解决方案。至此，用户体验地图帮助团队更好地交流和讨论，共建解决方案的作用就发挥出来了。

5.3.4 服务蓝图

1. 服务蓝图概述

服务蓝图是一种视觉化的工具，可用于展示服务过程中的关键要素，这些要素涵盖了用户互动、前台服务、后台支持等。服务蓝图还可呈现这些要素之间的紧密关联。服务蓝图的主要目的在于深入理解和分析服务的设计、交付及用户体验。它通过从用户的视角出发，运用系统性和流程性的方法，直观地描述了服务过程，并将所有服务要素以图表的形式展示出来，包括用户、前台员工、后台员工及管理者（系统支持）。服务蓝图可以清晰地呈现服务实施过程，以及各角色之间的相互关系和依赖性，明确用户的触点、用户与服务人员的角色，以及在服务中可见的有形展示。

服务蓝图的起源可追溯到20世纪80年代，当时美国学者G.林恩·肖斯塔克和简·金曼·布伦戴奇等人将工业设计、决策学、后勤学和计算机图形学等领域的技术引入服务设计中。随后，瓦拉瑞尔·A.泽丝曼尔和玛丽·乔·比特纳在1995年出版的《服务营销》一书中，全面阐述了服务蓝图的使用方法。

服务蓝图可以被看作是用户体验地图的补充。用户体验地图旨在深入了解终端用户的整个互动过程，包括情感和想法。而服务蓝图则关注于企业或组织内部的协作过程，以企业或组织的视角，描述了在全方位、多触点、跨职能或部门的情况下如何提供支持和互动的。通过将服务合理地分解为不同的部分，并逐一描述每个部分的步骤、任务、方法，以及用户可以感知到的有形展示，服务蓝图实现了将隐性的、无形的服务过程转化为显性的、有形的服务形式，它有助于描绘服务的实施过程。与其他流程图不同，服务蓝图的显著之处在于从用户的角度审视服务过程。

2. 服务蓝图的主要作用

（1）有利于新服务的开发。

服务蓝图在服务创新和开发过程中具有关键

作用。通过将服务概念化地绘制在纸上，团队能够进行创意性的探索、研究和验证。这有助于减少因盲目操作而引起的资金浪费，从而提高服务设计的效率和准确性。值得强调的是，服务蓝图在体验设计方面表现出色，在服务创新中可以更好地考虑用户的体验和情感。

（2）有利于服务管理创新。

服务蓝图通过准确识别关键行为节点，为问题的识别和讨论提供了平台。通过基于用户需求的问题导向，服务蓝图能够推动服务管理的创新。这种方法使团队能够集中精力解决那些最关键的问题，从而提升服务质量和效率。服务蓝图也为团队提供了一种机制：以用户为中心，持续改进服务管理过程。

（3）有利于提高服务质量及服务效率。

通过全面、深入和准确地展示服务流程，服务蓝图为服务机构建立完善的操作程序提供了指导。它有助于确立服务规范和标准，从而为提升服务质量奠定基础。服务蓝图不仅关注服务外部的用户体验，而且通过关键行为节点的分析、问题解决和持续改进，积累经验并将其纳入知识管理体系，从而进一步提升服务的内外效能。通过服务蓝图呈现的可视化管理和控制过程，可以明确团队中各个部门的服务职责，从而提升团队的业务运作流程的有效性，提高效率，进而提升用户满意度。

（4）有利于增强培训效果。

服务蓝图在培训中具有重要价值。服务蓝图能够描述整个服务系统的结构、功能、导向性，以及每个部门和员工在系统中的地位和作用。由于服务蓝图具有直观性且易于理解，因此成了有效的培训工具。团队成员通过培训，能够迅速了解服务的全貌，将自己的工作与其他环节联系起来，并将其视为服务整体中无法分割的一部分。此外，详细的服务蓝图还可以展现某一特定服务模块的具体工作流程，从而能够有针对性地展开团队成员培训，并增强培训效果，确保团队成员掌握必要的知识和技能。

综上所述，服务蓝图在服务设计、创新、质量提升和培训等方面都发挥着不可或缺的作用。其准确可视化的呈现方式使团队能够更好地理解和协调服务流程中的各个环节，最终实现服务的优化和创新。

5.3.5 服务系统图

服务系统图可用于清晰展示产品或服务系统的构成，向他人说明系统的运作方式和期望创造的用户体验。它是服务体系的视觉化描述，涵盖参与服务的各方、各方之间的关系、资金及信息的流动等。服务系统图详细呈现系统的要素、结构和功能，并通过讨论相关概念，预测服务的未来发展方向和趋势。团队和利益相关者可以利用它来呈现服务概念，准确表达各方在服务模式中的角色和协作关系。服务系统图内容广泛，与服务蓝图和用户体验地图有一定交集，本书不做详细讲解。

5.3.6 商业模式画布

商业模式画布是由亚历山大·奥斯特瓦德和伊夫·皮尼厄在《商业模式新生代》中提出的一种用于描述和设计企业或组织商业模式的工具，商业模式画布采用可视化的方式，将一个完整的商业模式呈现在单一的画布上，包括一个企业或组织如何创造、交付和捕获价值的各个方面，旨在帮助创业者、企业家和管理者更清晰地理解、传达和创造商业模式。商业模式画布由九个核心要素组成，每个要素都代表了商业模式的不同方面，这些要素相互关联、共同构成了整个商业模式的大局（图5-12）。

商业模式画布的九大模块如下。

（1）客户细分。
在商业模式画布中，客户细分被视为起点，它代表着企业所服务的各类客户群体。这些客户群体可能因需求、特征或行为而各不相同。客户细分有助于企业更准确地理解市场，为不同客户创造特定的价值。

（2）价值主张。
价值主张是企业向特定客户群体传递的核心信息，用以说明产品或服务是如何解决客户问题、满足客户需求的。在商业模式画布中，这一要素强调企业如何在竞争激烈的市场中脱颖而出，为客户提供独特和有吸引力的价值。

（3）渠道通路。
渠道通路是将价值传递给客户的路径和方式，包括销售渠道、分销网络、在线平台等。在商业模式画布中，渠道的选择和优化是至关重要的，它直接影响产品或服务与客户之间的互动方式。

（4）客户关系。
客户关系描述了企业与不同客户群体之间的互动方式。在商业模式画布中，客户关系强调建立积极的、持久的客户关系的重要性，从而提升客户的忠诚度且利于口碑传播。

（5）收入来源。
收入来源是企业通过不同客户群体获得收入的方式和途径。在商业模式画布中，这一要素强调收入的多样性，以及如何确保企业从不同的收入来源中获得稳定的回报。

（6）核心资源。
核心资源是实现商业模式所必需的物质资产和非物质资产。在商业模式画布中，这一要素强调企业需要有效利用关键资源，从而支持产品或服务的交付和运营。

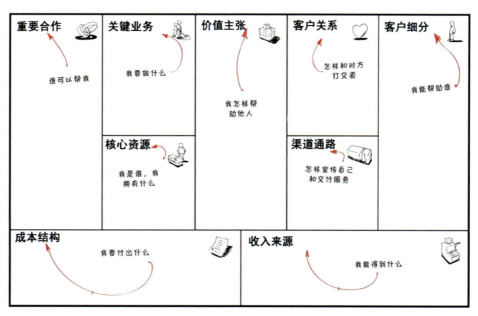

图5-12　商业模式画布（图片来源：百度百科）

(7)关键业务。

关键业务是企业或组织实现商业目标必须进行的核心操作。在商业模式画布中,这一要素强调企业的运营活动、创新流程、生产等关键内容,这些关键内容共同支撑着企业的运作。

(8)重要合作。

重要合作是与企业合作共赢、共同实现商业目标的伙伴关系。在商业模式画布中,这一要素强调企业合作的重要性,从而使企业扩展资源、拓展市场或增强核心能力。

(9)成本结构。

成本结构描述了企业在运营过程中产生的各类成本。在商业模式画布中,这一要素强调对成本的合理管理和控制,确保企业在提供价值的同时保持盈利能力。

综合而言,商业模式画布作为一个综合性工具,有助于企业在发展过程中澄清、协调和优化商业模式的各个要素。商业模式画布强调商业模式的复杂性和多样性,鼓励企业从不同角度思考和规划企业的运营策略。无论是对初创企业还是对成熟企业而言,商业模式画布都是一个有力的工具,可帮助企业实现可持续的创新。

习　　题

1. 请以系统思维中的"关联思维"为要点列举一个产品,使用思维导图罗列和展示该产品的关联要素。

2. 请以"老年人就医"为用户体验场景,绘制用户体验地图。

3. 请选择一个职业群体,如外卖小哥、咖啡店员、滴滴司机等,使用移情图对该群体的需求展开分析。

【在线答题】

第 6 章
产品系统设计方法

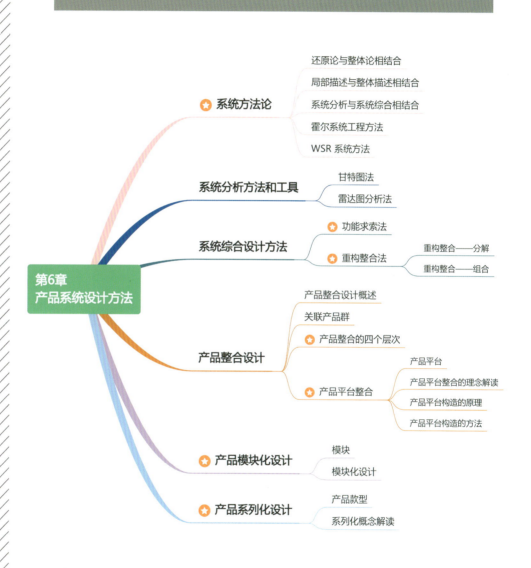

6.1 系统方法论

20世纪80年代初,钱学森明确提出了系统论和系统方法论,这是方法论上的重大发展。在应用系统方法论时,要从系统整体出发将系统进行分解,在分解后的基础上进行研究,再将研究结果综合集成到系统整体,实现"1+1>2"的整体涌现,最终从整体上研究和解决问题。许国志在《系统科学》中对系统方法作出了如下阐述:"凡是用系统观点来认识和处理问题的方法,亦即把对象当作系统来认识和处理的方法,不管是理论的或经验的,定性的或定量的,数学的或非数学的,精确的或近似的,都叫作系统方法。"

系统方法论可以理解为一种综合性的方法论,可用于研究和解决复杂系统的问题。它是一种综合性、跨学科的方法,通过整合不同学科的观点和方法,来理解系统的整体性、相互关系和动态演化。系统方法论的核心理念是将问题看作一个整体,而不是简单地将其分解为独立的组成部分,它强调系统的相互作用、反馈机制和非线性效应,关注系统内外的关联和影响。系统方法论的目标是通过运用系统思维和系统模型,揭示系统的特征、行为和演化规律,以便更好地理解和解决问题。

设计界引入系统概念的时间相对较晚,但系统性应是设计的本质属性,造物从来不是脱离整体的局部。正如彼得·保罗·维贝克所说:"我们制造一个事物,便是制造了和这个事物交互的各种关系,这些关系其实和周围的万事万物都构成了或大或小的系统。"方晓风说:"我们对系统的界定并不是完全固化的,系统服务于特定目的,据此,要素之间以一定方式联合作用发生关系,并推动系统运行。正是基于这样的系统模型,我们不难看出,推动系统创新的两条主要路径,一条是要素创新,另一条则是关系创新。对应于设计,新材料、新技术的应用可以归为要素创新,而互联网经济兴起之后的很多共享类产品,如共享单车,则可归为关系创新。"因此,从产品设计的应用视角来看,系统论探索的是人类对复杂设计问题的研究方法,是一种从整体的角度出发进行思考与判断的方法。

6.1.1 还原论与整体论相结合

还原论主张把整体分解为部分去研究。勒内·笛卡尔强调,要认识整体必须认识部分,只有把部分弄清楚了才可能真正把握整体;认识了部分的特性,就可以据之把握整体的特性。在这个意义上,还原论方法也是一种把握整体的方法,即分析-重构方法,但居主导地位的是分析、分解、还原。首先把系统从环境中分离出来并进行研究,然后把系统分解为部分,把高层次还原到低层次,用部分说明整体,用低层次说明高层次。

系统科学强调在整体性观点的指导下进行还原和分析,通过整合对有关部分的认识以获得对整体的认识。对于比较简单的系统,这样处理一般还是有效的。但是,对于复杂的系统,把对部分的认识累加起来认识整体,本质上不适宜描述整体涌现性。越是复杂的系统,这种方法对于把握整体涌现性越是无效。

总之,研究系统不要还原论不行,只要还原

论也不行；不要整体论不行，只要整体论也不行。若不还原到要素层次，则不了解局部的精细结构，对系统整体的认识只能是直观的、猜测性的、笼统的、缺乏科学性的。没有整体观点时，对事物的认识只能是零碎的，只见树木，不见森林，不能从整体上把握事物、解决问题。科学的方法是把还原论与整体论结合起来，这种方法允许设计者既深入研究系统的部分，又在整体性视角下理解系统的整体涌现性和综合性。这种综合方法有助于更全面地把握事物、解决问题，创造出新的产品，提出有效的解决方案。

6.1.2 局部描述与整体描述相结合

整体是由局部构成的，整体统摄局部，局部支撑整体，局部行为受整体的约束和支配。描述系统包括描述系统整体和局部两方面，需要把两者结合起来考虑。在系统的整体观对照下建立对局部的描述，综合所有局部描述以建立关于系统整体的描述，是系统研究的基本方法。

在设计开发一款产品时，通常有一个整体的目标，这个目标统摄并指导了产品各个局部的设计。以设计一款老年人智能轮椅（图6-1）为例，设计者首先需要明确定义老年人智能轮椅的设计目标，这包括产品的功能、定位和目标市场等，产品的整体描述可以是"一款高端、舒适的老年人智能轮椅"，这是指导整个项目的方向。

为实现整体描述的设计目标，设计者在深入设计时会将整体设计目标转化为具体的局部设计要求。例如，为了使老年人出行舒适，轮椅的座椅材质和结构都必须与整体的舒适性目标一致。同样，轮椅的智能导航功能、自动避障功能、转向指示功能、提醒吃药功能等的设计也要与老年人的特殊需求保持一致。此外，轮椅的造型要素选择了体现产品稳定性和设计感的圆角矩形，在配色上也选择了成熟、稳重的海蓝、酒红等色调。

在整个设计过程中，为了更好地达成整体设计目标，设计者和工程师之间的协作至关重要，应确保各个局部的设计在整体上协调一致。因此，设计者和工程师可能需要作出妥协和调整，以平衡各个局部要素之间的关系，从而实现整体设计目标。只有当每个局部的设计都有助于实现整体目标时，才能创造出一款高端、舒适的，满足老年人期望的智能轮椅。

【拓展视频】

图6-1　老年人智能轮椅设计（设计者：朱洪莹）

6.1.3 系统分析与系统综合相结合

（1）若要深入了解一个系统，首先需要进行系统分析，系统分析包括以下几个方面。

① 了解系统是由哪些要素构成的。

② 确定系统中的要素是按照什么方式相互关联形成一个统一整体的。

③ 进行环境分析，明确系统所处的环境和功能对象（用户），明确系统和环境是如何互相影响的，了解环境的特点和变化趋势。

这种系统分析有助于揭示系统的内在机制和外部影响，为进一步的设计提供了重要的信息。

（2）把握系统整体需要进行系统综合。

如何由对系统的局部认识获得对其的整体认识，是系统综合要解决的问题。分析-重构方法可用于系统研究，其重点在于由部分重构整体，重构就是综合。首先是信息（认识）的综合，即综合对部分的认识以获得对整体的认识，或综合对低层次的认识以获得对高层次的认识。

综合的任务是把握系统的整体涌现性。从整体出发进行分析，根据对部分的数学描述直接建立关于整体的数学描述，该方法是直接综合法。简单系统可以进行直接综合。需要注意的是，简单巨系统由于规模太大，微观层次的随机性具有本质意义，直接综合法无效，可采用统计综合法。对于复杂巨系统，统计综合法也无能为力，需要运用更复杂的综合方法。

系统分析和系统综合不是相互独立的过程。通常情况下，系统分析先于系统综合，在分析的基础上进行创造性设计以满足新的需求，同时，系统分析与系统综合相结合的方法可用于改进已有的系统。在系统分析和系统综合中，关键是将这两个过程与系统的观点相结合，以解决与设计有关的问题，并为产品设计提供坚实的基础。

6.1.4 霍尔系统工程方法

霍尔系统工程方法是美国系统工程专家霍尔等人在大量工程实践的基础上，于20世纪60年代提出的一种系统工程方法论。其内容体现在可以直观展示系统工程各项工作内容的三维结构图中，因此称为霍尔三维结构。霍尔三维结构将系统的整个管理过程分为前后紧密相连的七个阶段和七个步骤，罗列了构建维护产品设计系统过程中所需要的知识和技能，并将其以坐标轴的形式呈现，分别是逻辑维、时间维、知识维的三维空间结构（图6-2）。将其中的时间维以时间推进顺序排列，分别为规划阶段、制定方案、系统研发、系统生产、安装阶段、运行阶段和更新阶段七个阶段；逻辑维按照工作内容和思维程序划分为提出问题、确定目标、系统优化、系统综合、系统分析、决策、实施七个步骤；知识维列举了整个系统工程活动所需的各种专业知识和技能，如社会科学、环境科学、管理科学、工程技术、经济、法律、医学等各种知识和技能。

霍尔三维结构着眼于明确目标，其核心概念在于将系统推向最优状态。在霍尔系统工程方法中，现实问题可视为工程系统问题的一种体现。通过具体的形态分析和定量分析，找到最佳解决方案。这一方法论认为逻辑维和时间维密切相关，但二者存在不可逆性的特点；在逻辑维中，可以随时回到先前的研究阶段进行再设计，必要时可进行修正和调整，以实现最优化的目标。

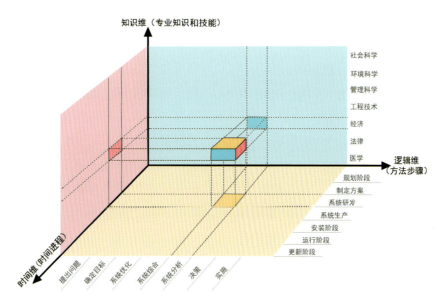

图 6-2 霍尔三维结构图

霍尔三维结构的研究模型具有整体性的特点，并且在知识维上对专业知识和技能的充分应用具有综合性的特点，因此也被运用于一些复杂产品系统的设计研究中。如常奕嘉在《基于霍尔三维结构的家居产品系统研究》中就运用了霍尔三维结构对复杂的家居产品系统进行了研究，构建了基于该结构的系统设计模型，该模型整合了逻辑维、时间维和知识维，研究结果表明，家居产品设计正朝着智能化、个性化和环保化方向发展，且这些趋势在系统中相互影响，推动整体优化。该研究结果为家居产品系统设计和创新提供了系统的理论支持和实践指导。

6.1.5 WSR 系统方法

物理（wuli）-事理（shili）-人理（renli）系统方法论（WSR 系统方法论）是由中国著名学者顾基发和朱志昌于 20 世纪 90 年代提出的一种系统方法论，该方法融合了东方哲学思辨的元素。WSR 系统方法论在研究系统问题时，为观察者提供三个不同的视角，即物理、事理和人理，具体内容见表 6-1。

表 6-1 WSR 系统方法论内容

	物理	事理	人理
对象与内容	客观物质世界、法则、规则	组织、系统管理和做事的道理	人、群体、关系、为人处世的道理
焦点	是什么？（功能分析）	怎么做？（逻辑分析）	最好怎么做？可能是什么？（人文分析）
原则	诚实、追求真理	协调、追求效率	讲人性、和谐、追求成效
所需知识	自然科学	管理科学、系统科学	人文知识、行为科学

（1）物理视角。物理视角主要涉及系统的客观物质成分及其运行机理。这包括狭义的物理学，也包括化学、生物学、地理学、天文学等。物理视角关注系统的构成和物质运行的原理。

（2）事理视角。事理视角涉及做事的方法和原则。通常需要运用运筹学和管理科学的知识来回答"怎么做"的问题。它主要解决如何有效地组织设备、材料和人员的问题，其目的是基于现实世界和社会的概念、规律提出方法，从而指导人们认识世界和改造社会。这也是技术科学的主要任务。

（3）人理视角。人理视角关注做人的原则。通常需要运用人文科学和社会科学的知识来回答"最好怎样做"和"可能是什么"的问题。它研究人的心理、行为、目标、价值取向，以及人所处的文化、传统、道德、宗教和法律等环境对人的思想和行为的影响。

产品设计活动围绕人-产品-环境系统展开，主要涵盖人因要素、产品要素和环境要素等内容。根据不同的设计对象，这些要素的内容和范围有所不同，故可以将其进一步细分。以实体产品设计为例，在物理层面，产品要素可进一步细分为功能、结构、形态和CMF要素。根据WSR系统方法从物理、事理、人理三个视角对产品设计各要素进行分类与分析，可构建产品设计的WSR三维分析模型（图6-3），从而系统化地解决设计问题。

产品设计中物理维度由围绕实体的产品要素、围绕环境的环境要素及完成设计需要的技术要素构成。产品要素由功能、结构、形态、CMF等要素决定；环境要素由自然环境、社会环境、产品使用环境等要素构成；技术要素主要是指生产、材料与加工工艺，电子技术和信息技术，表面处理技术等。事理维度主要指产品设计过程及保证该过程分步实施、有序有效推进的保障措施，主要包括设计规划、创新决策、设计方法、设计分析、设计管理等。人理维度主要涉及设计过程中的各方利益相关者，包括委托者、设计者、生产者、营销者、使用者、回收者和立法者等；此外，还包括参与者之间的交流对话和利益与矛盾的协调等。

系统设计实践需要综合考虑物理、事理和人理三个方面。如果只注重物理和事理而忽视人理，系统设计可能会变得刻板，缺乏灵活性和有效的沟通，缺乏情感和激情。这可能会妨碍系统整体目标的达成，甚至导致系统偏离方向或无法提出新的目标。如果过分侧重人理而违背物理和事理，同样可能导致失败。举例来说，如果一个企业在开展市场营销活动时，只考虑市场调研和用户反馈情况，没有考虑产品的实际生产成本和技术可行性，则企业可能会因提出的营销策略在实际操作中无法负担而导致项目失败。这些情况充分展示了WSR系统方法论"懂物理、明事理、通人理"的实践原则。

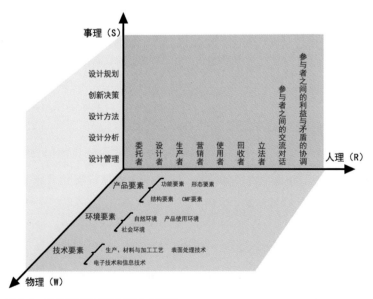

图6-3 产品设计的WSR三维分析模型

6.2 系统分析方法和工具

系统分析是一种有目的、有步骤的探索与分析过程，不同学科领域有不同的系统分析方法和工具。下面从产品设计的角度出发，介绍两种有用的系统分析工具：甘特图法、雷达图分析法。

6.2.1 甘特图法

甘特图法（也称线条图法或进度表法）是由美国管理专家亨利·L.甘特首创的。其最大的优点是直观，故在计划管理工作中被广泛应用。设计甘特图的基本要求是功能明确、流程清楚。

作为一种项目管理工具，甘特图可用于展示项目的进度和任务。它以时间轴为基础，将项目的各个任务以条形图的形式表示出来，使团队能够清晰地了解任务的排期、持续时间和相互依赖关系。甘特图通常包括任务列表、时间轴、条形图、依赖关系及里程碑等要素（图6-4）。它的主要优点在于提供了可视化的项目进度，有助于规划、监控和优化项目；甘特图还强调了关键路径，即影响项目完成的关键任务。这使得团队成员更容易了解项目进度，协作沟通更加高效，同时有助于提高项目的可控性和可管理性。

在产品设计开发活动中，项目开发通常涵盖了众多复杂的环节和任务，其中包括项目计划、需求收集、设计文档编写、故障修复、工作记录及测试等。在多重任务的背景下，甘特图成为不可或缺的得力助手，如产品经理可以使用甘特图来制订项目计划，明确定义项目的关键任务和截止日期，以确保项目按时交付；项目经理可以追踪和管理各个任务的进展情况，及时识别潜在的延误和瓶颈，并采取必要的措施来调整项目进度。同时，甘特图还有助于团队识别项目的关键路径，即那些对项目完成具有较大影响的任务，从而使团队更加专注于管理和优化关键任务。因此，熟练掌握和运用

阶段	序号	内容	输出	5号 上午	5号 下午	6号 上午	6号 下午	7号 上午	7号 下午	8号 上午	8号 下午	9号 上午	9号 下午	12号 上午	12号 下午	13号 上午	13号 下午	14号 上午	14号 下午	15号 上午	15号 下午	16号 上午	16号 下午
调研分析阶段	1	接受设计任务	—	√																			
	2	市场调研（线下调研及线上调研）	调研分析报告/电动车拆解	√	√																		
	3	绘制工程图	CAD工程图					√															
	4	电动车组装						√	√														
	5	设计定位	消费人群定位（文本）							√	√												
产品造型阶段	6	设计构思及草图	设计痛点（文本形式）及手绘草图									√	√										
	7	三维建模	三维模型文件										√	√	√								
	8	模型组装	整体三维模型文件													√	√						
	9	方案优化	进一步优化设计不合理的地方（草图/三维模型）													√	√						
	10	人机工程设计	增强用户体验/人机工程设计尺寸															√	√				
	11	模型渲染	模型渲染文件和图片																√	√			
汇报阶段	12	作品排版	展板、效果图、场景图																		√	√	
	13	项目答辩	PPT																				√	√

图6-4 产品设计甘特图示例（设计者：田进梅）

甘特图是产品设计者的一项重要技能，有助于确保项目的成功交付和提升用户满意度。

6.2.2　雷达图分析法

雷达图分析法（也称蛛网图分析法或星形图分析法）是一种多维度数据可视化分析工具。它以雷达图的形式展示多个维度或指标之间的关系，通过连接各个维度的线段，形成一个多边形区域，呈现不同维度的数值或表现。雷达图的主要特点在于它能够以直观的方式展示多维度数据，使观察者可以迅速理解各个维度之间的关系。使用雷达图有助于决策者更全面地了解问题、发现趋势，作出优化决策。同时雷达图可用于跟踪随时间变化的数据，以及在产品设计和质量管理中识别潜在的缺陷。此外，雷达图还被广泛用于绩效评估，以全面了解个人或团队在多个方面的表现。

在产品设计领域，雷达图是一种有力的工具，可用于产品特性评估、用户体验评估、竞品分析、质量控制、市场需求分析等。

（1）产品特性评估。在产品设计的早期阶段，团队通常需要确定产品的关键特性，如可用性、可维护性等。雷达图的每个边表示一个特性，通过将不同特性的得分连接起来，可以一目了然地比较各个特性的优劣，帮助团队在设计过程中作出相应调整。

（2）用户体验评估。在用户体验评估中，雷达图可用于评估产品的各个方面，如用户界面、导航、反应时间等。不同用户体验要素可以成为不同的维度，并在雷达图中表示出来。这有助于设计者将用户体验可视化，识别潜在的问题，并进行改进。

（3）竞品分析。雷达图也可用于比较产品之间的性能和特性。通过将自己的产品和竞争对手的产品在雷达图上进行对比（图6-5），团队可以明确产品的优势和劣势，进而制定针对性的产品改进策略。

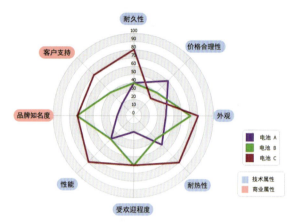

图6-5　竞品分析雷达图示例

（4）质量控制。在产品制造和质量控制方面，雷达图可以用来监测不同产品的质量参数，如尺寸、材料、工艺等。通过跟踪这些参数的变化，制造商可以及时发现潜在的问题，并采取纠正措施，以确保产品的一致性和质量。

（5）市场需求分析。产品设计不仅要满足技术要求和质量要求，而且还要满足市场需求。雷达图可以用来确定产品在市场上的定位。通过将不同市场需求因素表示为不同维度并绘制雷达图，团队可以确定产品的市场适应性，了解产品需要改进的地方，从而使产品满足不同市场的需求。

总之，雷达图在产品设计领域，通过可视化的呈现，帮助团队更好地理解和管理产品的多个关键维度，以及产品的复杂性，有助于团队作出明智的设计决策，确保产品具有良好的性能和用户体验，提高产品的质量和市场竞争力。

6.3 系统综合设计方法

综合是分析的反向过程。在对设计对象及其构成要素进行全面、深入的系统分析，求得各个子问题的解之后，必须通过建立连接，构成总体，才能最终实现需要的总体功能。系统综合的过程实际上是一种重构，当分析－重构方法用于系统研究时，其重点在于由部分重构整体。在具体实施过程中，首先要对信息进行综合，即综合对部分的认识以获得对整体的认识，或综合对低层次的认识以获得对高层次的认识。综合的任务就是把握系统的整体涌现性。综合是一个创新的过程，通常涉及从分析到综合的跃升。

就产品设计而言，没有达到整体目标的设计，无论其局部或子系统的经济性、审美性、技术功能等多么优秀，从系统论的观点看待该产品设计，其结论都是失败的。系统综合设计方法有很多，本书从应用的普遍性和重要性的角度出发，重点讲解功能求索法、重构整合法。

6.3.1 功能求索法

新产品的设计通常始于创新的构思。首先需要确定产品的总功能，然后逐层分解这一功能，并将其构建成一个有序的功能要素系统，从而形成一个全面的设计构思。通常，系统的总功能是由多个子功能或基本单元功能有序组合而成的，各项子功能或基本单元功能之间具有特定的逻辑关系。功能分析的过程使设计者更深入地了解设计对象的总功能，以及分解后的各项子功能，并清晰地把握功能系统的基本结构和特点。将总功能分解为多个子功能后，须按照一定的方法来寻找实现每个子功能的技术途径。如果总功能分解得当，那么找到实现这些子功能的技术途径通常不是难事。各子功能的解决方法组成系统综合设计的原理方案。

下面结合具体的案例，对功能求索法展开讨论。

锤子作为人们日常生活中不可或缺的工具，拥有悠久的历史。随着社会的进步和技术的发展，现代化生活中，人们更加追求便利和品质，对锤子等工具类的产品也提出了更高的使用要求。传统锤子中存在的设计痛点被设计者敏锐地观察到，其中，Tuk Hammer（图6-6）代表了锤子设计的新突破，设计者在设计时围绕功能的实现作了深度、全面的思考，重新定义了锤子的使用功能。

基本功能。锤子有两个头，用于坚硬表面的钢头和用于软表面的橡胶头。

辅助功能。锤子上有一个集成的抓取式拔钉器，其角度可防止表面被刮擦；同时设计了辅助水平和垂直的内嵌式附件，可以起辅助水平和辅助垂直的作用。

防护功能。为了解决钉钉子时容易伤手的问题，在锤子上设计了一个可以拆卸的防护件，用于保护手指不受伤害。此外，还为锤子设计了安全带，可将安全带固定在用户的手腕上，防止高空作业时锤子掉落。

图 6-6　Tuk Hammer（图片来源：普象网）

在使用功能求索法进行产品功能创新设计时，子功能的实现是关键。若每个子功能的实现都有通用或标准化的解决方法，则该种情况比较简单。但在大多数情况下，一些子功能可能需要根据原理来探索解决方法。同一种物理效应可能用于实现多种功能，例如，杠杆效应可用于放大力量、减小力量或改变力的方向。同一种功能有时也可以由多种物理效应来实现，如移动液体，可以利用重力、离心力、压缩或脉冲等来完成。

通常情况下，当有多种满足功能要求的原理方法（包括物理效应、物理原理等）时，有些是设计者熟悉的，而有些可能是设计者不熟悉的。在面对要求特殊或复杂的设计任务时，若凭经验和一般知识无法解决问题，为了拓宽思路、选择最佳的功能实现方案，可参考汇集了前人经验的设计手册、设计原理方案目录等技术资料。以智能冰箱产品设计为例（图 6-7），可以看出其子功能的实现在产品设计中的关键性。智能冰箱的总功能是储存和冷藏食物，但它还包括食材管理、节能、远程监控等多个子功能。为了实现这些子功能，需要采用各种技术和原理。食材管理可以通过摄像头和图像识别技术来实现，远程监控冰箱内食物的状况，确保食物保持新鲜；同时，远程监控功能需要连接互联网和远程访问应用程序，使用户能够随时远程监控冰箱内的情况。温度和湿度控制需要借助传感器和智能控制系统来实现。为了节省能源，可采用节能控制策略和能源管理系统，自动调整温度和运行时间。这一功能分析和求解的过程，为智能冰箱的多种子功能实现提供了科学、合理的技术依据；不仅确保了产品在性能和功能方面满足用户需求，而且提升了能源利用率和用户体验。

图 6-7 智能冰箱子功能的技术支撑示意（设计者：黄巍）

6.3.2 重构整合法

重构整合法是一种创新思维方法，该方法基于系统分析和分解，重新排列系统的要素和结构，从部分到整体进行创新整合，以满足新的功能需求。很多时候，分解事物意味着创新，而将不同事物组合在一起也意味着创新。科技领域有很多类似的例子，如将烤箱的功能和微波炉的功能合并到一个电器中，创造了多功能烤箱；将智能家居设备与声控助手组合，创造了家庭自动化系统；在传统的项目管理中引入快速交付和可定制等概念，创造了敏捷项目管理方法。

分解和重组可以看作相互补充的思维法则。通过分解，可以改进单元的结构和功能，以便更好地进行重组。而组合可以使原本分散的单元具有协同效应，实现功能整合，以创造更强大的功能系统。

1. 重构整合——分解

（1）事物本身通常是由多个可分解的功能组成的，根据不同的组合方式，总体功能也会有所不同，而人们需要的正是多种不同的总体功能。例如，智能手表具有时间显示、健康监测、通知提醒、运动追踪、支付功能等多种可分解的功能。不同品牌和型号的智能手表的功能组成方式不同，有些强调健康监测功能，有些则更注重通知提醒和支付功能，用户可以根据自己的需求选择合适的智能手表。这种分解和重组的设计使得智能手表成为满足不同用户需求的多功能产品。

（2）事物的主要功能通常与其辅助功能相关联，将主要功能分解出来，有助于更好地发挥其作用，或者创建更多更有效的主辅搭配。例如，智能音箱的主要功能是播放音乐，辅助功能包括语音助手、智能家居控制、提供实时信息等。语音助手功能经过优化后,能够更准确地识别语音指令和回答问题;搭配高品质的音响系统,可提供更出色的音乐播放体验。

(3) 事物由多种功能组成,这些功能相互影响,将它们分开有助于充分发挥各自的特点,也有助于创新和改进。例如,智能车载系统由导航、娱乐、通信、车辆状态监测等多种功能组成,分离这些功能有利于发挥各自的特点并对其进行创新改进。某些汽车制造商将导航系统分离出来,使其可以独立运行,并且能通过更新地图数据和软件来提升导航功能,从而使其提供更准确、实时的导航服务。

2. 重构整合——组合
(1) 主要功能与辅助功能的组合。例如,咖啡机的主要功能是冲泡咖啡,而咖啡机配备的计时功能是辅助功能,随着辅助功能的不断增加,咖啡机的性能和便利性也在不断提升。

(2) 同种功能的组合。有时即使是几个同类型的主要功能,将它们组合在一起也会产生协同效应。例如,多功能电动工具箱可以将打孔、磨削、切割等同类型的功能组合在一起,产生协同效应,提高工人的工作效率,提升产品便利性。

(3) 无关功能的组合。虽然一些功能之间没有直接关联,但是将它们组合在一起会引发创新。以智能家居系统为例,将声音识别和温度控制这两个看似无关的功能组合在一起,使得智能家居系统可以通过声音来识别用户的指令,然后根据用户的指令自动调节室内温度,提升了家居系统的智能化程度和用户体验。

(4) 不同功能的组合。例如,在工业自动化领域,将机械臂、传感器和控制系统组合,构建了自动化生产线;在医疗设备领域,将心率监测器、电子健康记录和云服务进行组合,构建了远程健康监测系统。

3. 重构整合在文创产品设计中的应用
在产品设计中运用重构整合法进行创新设计时,不仅可以从功能的角度进行设计,而且还可以对产品系统的其他设计要素,如产品造型和产品结构等方面进行创新优化。下面通过具体的案例——陕西科技大学刘子建等发表在包装工程期刊中的研究论文《基于打散重构原理的文化创意产品设计方法》(图6-8)详细介绍了重构整合法在文化创意产品造型设计中的应用。在该论文中,"重构整合"被描述为"打散重构",虽然表述有所差异,但运用的重构整合思想和方法逻辑是一致的。

设计专题训练 >>>

基于上述案例内容,运用形态分析法,以宋代瓷器(图6-9)为例,进行重构整合专题训练,设计一款现代文创茶壶,具体要求如下。
(1) 目标瓷器产品造型研究。
(2) 造型的分解与要素的提取。
(3) 将提取出的要素进行形态重构。
(4) 方案讲解与讲评。

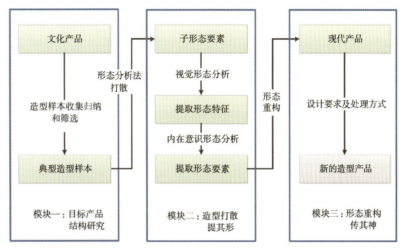

图 6-8 基于打散重构原理的文化创意产品设计方法

图 6-9 宋代瓷器示例

【拓展视频】

6.4 产品整合设计

6.4.1 产品整合设计概述

整合是指通过协调与组合不同独立存在的单元，使它们相互补充，发挥各单元和整体之间的资源互通和协调运转，从而得到价值利益更大的整体，使其作用意义得到系统性的扩大。换句话说，产品整合设计就是科学地利用已有的产品资源，无须完全彻底地改变，即可产生不一样的新产品，形成"成群"发展战略。

需要注意的是，整合并不是功能需求简单地堆叠，也不是将各个单元进行生硬的组合，而是一个取其精华、整理创新的设计方式。整合设计理论的应用可以将传统杂乱无序的各个单元进行有序布局整理、优化整合，从而实现对整合后单元的整体利用，创造出新的整体系统并将各单元优势发挥到极致。

整合设计理论最初源自建筑设计领域，特别是在建筑空间和环境地域设计方面。整合设计理论综合了环境行为学、空间行为理论和环境认知理论等，得到了广泛的应用并快速发展。国外对整合设计理论的研究比国内早得多，最早提出整合设计理论的是德国的乔治·特奥多雷斯库教授，他认为整合设计就是通过对人类生活中所遇到的各种需求，进行相关产品问题的细致分析和深入判断，针对相关领域市场的独特性和创新性设计要求，进行产品整体设计，得出一套系统性、整体性和独特性的实际设计。

在产品设计领域，整合设计理论的应用正日益成熟。目前，最常见的整合设计案例主要是功能的优化整合，这与功能集成创新理论的指导定义不谋而合。对于产品设计而言，用户渴望使用满足其需求的产品，并期望最大限度地提高产品的价值。因此，在将整合设计理论应用于产品设计过程中时，必须从多个角度出发，包括产品本身、用户的使用需求及环境的适用条件等。在优化整合多种相关产品优点的同时，应集成最新技术和创新元素，以创造出更加满足用户需求，更能适应环境且高效运转的新产品。如果只是盲目地叠加功能，最终产品极易出现功能冗杂的缺陷，一方面增加了一些次要功能，导致这些功能并没有太大实际作用，还会占用产品自身的运转空间；另一方面次要功能的强行叠加还会严重消耗产品空间，进而影响产品主要功能的发挥，甚至会大大削弱主要功能的作用效果，这违背了整合设计理论应用于产品创新的根本目标。

从狭义的角度来看，将整合设计理论应用于产品设计创新，最终会得出一款更系统化、整体化、专业化的整合新产品；从广义的角度来看，整合新产品与用户需求、环境需求及售后市场等多种相关因素相互协调又相互影响，形成了一个紧密相连的产品设计关系网，共同影响并促进产品创新。

6.4.2　关联产品群

关联产品群又称产品族，是指企业在设计生产活动中，有意识地将某些产品在组成要素或产品结构及造型风格上联系起来而形成的产品集合。

关联产品群在工业产品开发中具有重要的价值和意义。关联产品群是一组相关的产品，通过共享设计元素、品牌标识和外观特点，被有意识地联系在一起。如格兰仕"匠"系列关联产品群（图6-10），就是通过产品的功能关联、共用的设计元素和CMF设计，形成非常具有品牌识别度的家电系列产品。由此可见，产品整合设计有助于企业在多方面取得优势。

（1）关联产品群可以满足用户和市场的多样性需求，从而扩大市场份额。

（2）关联产品群可增强品牌的识别度。一旦用户购买其中一个产品，他们很容易辨认和信任其他相关产品，提高用户忠诚度。

（3）企业可以通过共享设计元素来降低成本，从而提高生产效率，这对于工业产品的开发至关重要。

（4）关联产品群还创造了跨销售机会。一旦用户购买了一个产品，销售团队可以更容易地向其推销其他相关产品，从而增加销售额。

图 6-10　格兰仕"匠"系列关联产品群（图片来源：格兰仕官网）

（5）用户也更容易了解产品的性能，因为他们知道可以依赖于一致的质量和性能，这提高了用户满意度。

总而言之，关联产品群是工业产品开发中的一项重要策略，有助于满足多样化的需求、提高效益、强化品牌、创造销售机会和提高用户满意度，从而使企业在竞争激烈的市场中保持竞争优势。

6.4.3　产品整合的四个层次

产品整合的核心思想是将散乱的产品发展成为相互之间有关联的产品群，以实现系统的规模效应，即降低产品的生产成本、拓展产品种类、提升生产效率，进而提升企业及产品的市场竞争力。从产品设计开发的各种要素出发，产品整合可以从以下四个层次展开。

1. 关联产品群中有尽可能多的零件共享——采用标准化构造

零件是构成产品的基本要素单元，不同的产品或解决方案可以共用相同或类似的零件，同时应尽可能使这些类似的零件标准化，这种标准化构造有助于提升效益、提高生产效率、降低设计和制造的复杂程度（图6-11）。

2. 关联产品群中有尽可能多的零部件共享——采用模块化构造

在这一层次，产品整合的核心思想是通过模块化构造和部件共享，提高产品的灵活性、可维护性和可扩展性。企业可以根据需要添加、替换或升级模块，且可以根据用户需求和市场趋势快速设计和推出新产品，而不必从头开始进行全新设计。这有助于提高市场敏锐性，更好地满足快速变化的市场需求。此外，由于模块可以独立更换，当某个模块出现问题时，只需替换该模块，而无须整体更换产品，因此降低了维修成本和维修时间。图 6-12（a）所示的厨具，其把手部分都采用了同样的模块，具有互换性强、风格统一的特点；图 6-12（b）所示的锅具，加热底盘共用一个模块，整合了资源，提升了品牌识别度。

(a）冰箱滑轮

(b）冰箱加液单向阀

(c）冰箱铰链

图 6-11　冰箱通用零件

(a）厨具

(b）锅具

图 6-12　模块化产品设计案例（图片来源：花瓣网）

3. 关联产品群中有尽可能完整的平台共享——采用平台化构造

在这一层次，产品整合的核心思想是建立一个通用平台，使不同产品能够共享整个或大部分的基础结构、技术和功能。这意味着可以将产品的设计和制造过程分为基础平台和产品特定模块两个部分。基础平台包括对通用硬件和软件的设计和制造，产品特定模块则包括针对特定产品自定义功能的实现。这种方法有助于减少开发工作，因为大部分工作可以在平台上完成。通过平台共享和平台化构造，企业可以降低开发和制造成本。相同的平台可以用于多个产品，而不必每个产品都从头开始设计和制造，降低了采购、生产和维护成本。平台化构造在汽车制造业中得到了广泛应用，汽车制造商可以基于一个通用平台（底盘和发动机）开发多种车型（图6-13）。

4. 尽可能多地进行产品整合，形成有关联因素维系的产品——采用系列化构造

在这一层次，产品整合的核心思想是将不同的产品整合成一个有机系列，这些产品之间具有紧密的联系，共享关键因素和特征，如颜色搭配、材质搭配、表面处理工艺、相关功能等。这种方法有助于提升品牌识别度、提高产品市场占有率、满足不同用户需求，并简化产品管理。图6-10所示的格兰仕"匠"系列关联产品群就是从关联因素的角度进行整合的产品系列，共享的因素和特征包括造型、CMF设计、统一的按钮和分割处理等。

图 6-13　汽车通用平台示例（图片来源：腾讯网）

设计专题训练 >>>

结合产品整合层次中的第四个层次"有关联因素维系"的角度，各小组讨论并确定统一的产品造型符号和配色方案，对小熊企业的四款产品进行设计改进和优化（图 6-14），具体要求如下。

（1）讨论这四款产品的共性特征，找到关联因素。
（2）参与线上讨论，提交手绘设计方案。
（3）各小组汇报方案并进行讲评。

综合来看，产品整合设计是运用系统设计思维对关联产品群展开综合设计的设计方法。运用整合设计方法进行产品设计与开发，对于企业和设计者而言，均具有重要的价值和意义。

（1）关联产品群具有同质化的设计特点，进行整合设计，有利于企业品牌的建设。

（2）通过整合设计，企业可以整合设计资源，践行绿色环保、可持续的设计理念，推动可持续发展。

压面枪
轻盈小巧，无线自由

电火锅
多用途锅，鸳鸯双味

破壁机
五重降噪，细腻轻饮

空气炸锅
家用可视，多功能一体机

图 6-14　来自小熊企业的四款产品（图片来源：小熊官网）

(3) 对于设计者而言，整合设计是全面参与和统筹设计方案的重要方式，也是评估方案可行性、设计理念和价值的重要参考依据。

6.4.4 产品平台整合

在激烈的商业竞争环境中，企业产品的设计与开发面临着很多挑战。传统的方法往往伴随着开发成本高、开发时间长、资源浪费严重、无法满足产品设计的一致性及质量要求等问题。同时，市场需求变化和技术进步也非常快，使得传统方法难以及时适应这些变化。为了应对这些挑战，需要引入产品平台。

1. 产品平台

产品平台是一组产品共享的零部件集合，是在产品开发过程中确定的一个基准，并以此为基础，开发组装不同款式、功能各异的一系列产品。产品平台是一种战略性的方法，允许企业基于共享的设计和制造资源开发相关产品，这些资源包括通用的零部件、模块、技术和流程，它们在不同产品中重复使用，并凸显出一系列优点。首先，产品平台降低了成本，通过资源共享，减少了设计和制造成本。其次，产品平台缩短了产品上市时间，即可快速创造新产品，因为许多设计和制造步骤已经在平台上准备就绪。此外，产品平台提高了产品的一致性和质量，有助于确保高质量的设计和制造。产品平台还使企业能够更好地适应市场需求的变化，因为产品平台可以帮助企业更迅速地调整和定制产品。最重要的是，产品平台增强了企业的竞争力；企业可以通过提供多样化的产品，满足不同用户的需求，从而使其保持竞争力。

产品平台不仅可以应用于传统制造业，而且其在软件开发、电子产品、电子商务等各个领域也发挥着关键作用。产品平台强调共享零部件和功能、标准化和一致性、快速迭代和更新、成本效益、用户体验和生态系统建设。例如，云计算平台、电子商务平台及企业的各种软件平台，它们都在各自领域中发挥着关键作用，帮助产品和服务更好地满足用户需求。

2. 产品平台整合的理念解读

产品平台整合就是将若干零部件集成为一个超大共用模块，即把一些零散的要素通过某种方式彼此衔接，从而实现资源共享和协同工作。其精髓在于将零散的要素组合在一起，并最终形成有价值、有效率的整体。

与集成化思想方法相似，产品平台整合也强调将某些要素（或功能）整合在一起，而不是一个设备实现一个功能。这种方法可以提高系统的整体性能、简化系统维护和管理的过程、降低成本、提高效率，并加快产品开发的速度。

例如，在汽车制造业，通过产品平台整合，将一些通用零部件（如发动机、底盘）设计成可以在不同车型中共享的模块，从而减少制造成本，提高生产效率。这使得不同车型之间更容易共享技术和资源，从而加快创新和产品开发过程。这就是产品平台整合的核心思想和优势。

产品平台整合战略的核心是提高零部件的通用化程度，实现零部件的最大共享，从而实现更大规模的生产。产品平台整合战略可以大大缩短产品的开发周期，实现产品的多样化。

以家电行业为例，产品平台整合战略可以发挥关键作用。对于一家专注于生产洗衣机、冰箱和微波炉的家电企业而言，通过采用产品平台整合战略，该企业可以设计通用的电控板、电动机、传感器等核心零部件，这些零部件可以适用于不同类型的家电产品。例如，相同类型的电动机可以用于驱动洗衣机和冰箱中的不同零部件，而通用的电控板可以被集成到不同家电中，实现共享。当市场需求出现变化或新的家电产品概念出现时，企业通过实施产品平台整合战略，可以更迅速地推出新产品，因为它们无须从零开始设计和生产所有的零部件，这提高了产品开发的灵活性；并且通过零部件的最大程度共享，企业可以在更短的时间内实现大规模生产，从而提高市场竞争力。在汽车行业领域，采用平台化、模块化造车方式对扩展企业产品线具有非常重要的价值和意义。中国吉利汽车的"CMA超级母体"世界级模块化架构孕育体系就充分解释了这一点。

【拓展视频】

3. 产品平台构造的原理

理论上追求产品平台构造的最终目标是实现两个以上关联产品的最大化共享。所谓产品平台构造，即关联产品1、产品2及产品 N 在某些方面的共享（图6-15），其构造步骤可以总结为以下几步。

图6-15　产品平台构造的原理

(1) 将关联产品群作为产品平台构造的集合。
产品平台构造旨在实现两个以上关联产品的共享，通过利用产品平台，加速产品开发过程，并在平台上提供多样化产品，以满足用户对于产品功能、外观、材料、比例、尺寸等多方面需求。因此，产品平台构造的集合必须包括关联产品群。

(2) 选择关联产品群中两个以上产品作为交叉样本。
如果将关联产品群内的整个集合都作为交叉样本，则样本数量过大，难以有效解决问题。因此，应选择对公司影响最大或最希望构造平台的产品作为首选交叉样本，以此为基础得到的平台才是目标所需的平台。

(3) 比较判断关联产品群中可变化与不可变化的产品要素。
所谓比较判断关联产品群中可变化与不可变化的产品要素，即对关联产品群中的交叉样本进行交叉比较。针对待开发的关联产品群，列出每个产品的设计特征，并进行比较。

(4) 将不可变化的产品要素的集合作为关联产品群的产品平台预选。
在交叉比较后，重叠的部分即为交叉样本的共享平台。将此共享平台作为产品平台构造的预选方案。

(5) 对预选产品平台进行调整，形成产品平台方案。
通过对预选产品平台进行分析、调整和整合，包括分析、调整和整合产品性能、产品结构、平台制造工艺性、平台成本、经济性、可行性、可靠性等，最终确定产品平台方案。针对待开发的关联产品群，需要将平台构造特征与评估标准进行对照，最终确定产品平台方案。

(6) 检验产品平台方案。
按照上述步骤开发产品平台，并以此为基础，借助开发出的产品种类和规格系列来检验产品平台的适应性。对于待开发的关联产品群，应选择平台和产品系列选项的组合进行检验。

4. 产品平台构造的方法

根据产品平台定义及其与模块的相互关系，可以了解到产品平台是产品的基本组成部分，是产品中相对不变的要素，也是用于容纳其他零部件的主体。产品平台涵盖了各种模块，可被视为产品中最大的互换（共享）载体。产品平台构造的方法，主要分为以下两种。

（1）拆卸法构造产品平台。

产品平台是产品共享零部件的集合，是在产品开发过程中确定的一个基准。以此为基础能够组装款式、功能各异的产品。

拆卸法是去除产品上可变的部分和容易互换的零部件，保留产品的基础部分或相对不变的零部件。务必尽可能地保留产品的基础部分，否则构造的平台价值将受到影响。

（2）装配法构造产品平台。

产品结构包括零部件、产品承载结构等要素。装配产品的目标是按照产品结构的要求将这些要素组装在一起。

在产品装配的过程中，首先需要装配产品的基础部分或用于承载其他零部件的主体部分。此时装配的产品部分即为产品的基础平台，即产品平台。

上述产品平台构造步骤在实际应用中应根据具体问题具体分析并进行多次反馈修正。

产品平台构造是新产品开发的一部分，是将产品的其余部分视为可变部分，根据市场变化和用户需求进行有效且快速的开发活动。

无论是简单的还是复杂的产品平台，其开发难度和成本都远高于独立产品的开发。原因在于产品平台是多个产品的共同组成部分，平台上出现的问题会传递到以其为基础的所有产品上。因此，为了避免出现这类问题，必须在产品平台的开发上付出最大努力，追求最优化和最完善的产品平台开发结果。

6.5 产品模块化设计

6.5.1 模块

模块是产品中相对独立的，具有互换性的部件，其在模块化系统中用于构成系统的功能单元。每一个部件由若干完成产品相应功能的零件组成，这种部件就是模块。

由于模块化体系中通常有一部分或全部模块可以在不同的系统中互换，且模块之间的连接关系具有简单、统一等特点（与儿童积木玩具相似），故模块有时候又被称为积木块，如图6-16所示。

1. 模块的广义定义

广义定义的模块是指组成上一层系统的可组合、可替换、可调整的单元。

图 6-16　构成产品的基本模块

(1) 模块按层次可划分为整机、部件、零件、结构单元等。

(2) 模块按通用性可划分为通用模块、专用模块。

① 通用模块。通用模块是指在关联产品群中被多个产品所采用的模块,其尺寸、形状或特性在不同产品中是完全一致的。

② 专用模块。为满足特定需求而设计,仅在特定产品或特定场景中应用的模块。

2. 模块的狭义定义

狭义定义的模块是指在广义定义的模块的基础上,增加具有独立功能和标准接口的模块单元。

3. 模块的特征

模块通常是由零部件组合而成的,是具有独立功能的、成系列的、可标准化单独制造的单元,可通过不同形式的接口与其他单元组成产品。模块的最大特征就是具备独立功能,且可分、可合、可互换。这个定义描述了模块的如下特征。

(1) 模块不同于一般的产品零部件,它是一种具有独立功能、可单独制造、销售的产品。

(2) 模块通常由各种零部件组合而成,高层模块还可包含低层模块(模块组成模块)。

(3) 模块是构成产品系统的完整要素,它与产品系统的其他要素可分、可合。

(4) 通过各种形式的接口(刚性、柔性)和连接方式(单向、双向、多向)可实现模块间的连接与组合。

(5) 模块通常是标准化产品,以便于成系列设计和制造。

6.5.2　模块化设计

现如今,模块化设计已经成为广为人知的概念。在许多行业中(如机械制造、电子、家具等),无论从技术上还是从经济上,模块化设计的原理和方法都取得了丰硕的成果。尽管现代模块化设计理念在工业革命之后才崭露头角,但其根源可追溯到现代工业之前。早在中国北宋时期,活字印刷术就成功地采用了模块化设计方法和原则,包括标准件、互换件、通用件、分解与组合及重复利用等,解决了雕版印刷的复杂问题,从而显著提高了印刷效率。

进入现代工业后,模块化思想在产品设计中得到了更深入的应用。被誉为"德国现代设计之父"的彼得·贝伦斯早在 20 世纪初就将模块化理念引入工业产品的设计中。他通过分析电热水壶零部件的功能，将其分解成壶体、壶嘴、提手及底座几个基本结构模块。通过标准化的设计，这些模块可以灵活地装配成80余种电热水壶（尽管只有30种可供出售）。其中共有两种壶体、两种壶嘴、两种提手和两种底座。水壶所用的材料有三种，即黄铜板、镀镍板和镀铜板，这三种材料都可以处理成光滑的、捶打的、波纹的三种不同的表面纹理（图6-17）；此外还有三种不同的尺寸；插头和电热元件都是通用的。正是这种组合有限的标准模块以提供多样化产品的探索，使得电热水壶的设计可以满足不同用户对产品款式的需求，同时缩短了产品的开发周期，降低了产品设计成本和生产成本。

1. 模块化设计的定义

目前，关于模块化设计的定义，不同行业领域的描述各有不同。从产品设计的视角来看，所谓模块化设计，简单来说就是将产品的某些要素组合在一起，使其构成一个具有特定功能的子系统，并将这个子系统作为通用的模块。该通用的模块可以与其他产品或要素进行多种组合，构成功能不同或功能相同但性能不同、规格不同的系列产品，这种方法称为模块化设计。

与一般产品设计相比，模块化设计的特点体现在两个层面上：一是在产品设计时可选用标准接口的功能模块，也称模块选用；二是可在产品内部划分功能分区，然后将划分好的功能分区设计成便于互换的模块。

模块化设计的目的是以少变应多变，以尽可能少的投入生产尽可能多的产品，以最经济的方法满足各种要求。由于模块具有不同的组合，同时模块又具有一致的输入输出接口，因此可以配置生成多样化的，满足用户不同需求的产品。如果模块的划分和接口定义符合企业批量化生产中采购、物流、生产和服务的实际情况，则意味着按照模块化设计生产出来的产品是符合批量化生产的实际情况的，可有效解决定制化生产和批量化生产之间的矛盾。

2. 模块化设计的价值和意义

模块化设计使产品的各组成部分变成独立的模块，这给产品的生产制造带来诸多益处。

（1）提高产品的生产效率并降低成本。不同的模块可以分开制造，甚至可以在不同地点制造，从而减少生产成本，加快生产进程。

图6-17　彼得·贝伦斯设计的电热水壶

(2)提高产品的质量和可维护性。每个模块都可以通过精确的测试和质量控制，提高产品的整体质量。

(3)可以轻松替换出现问题的模块，无须更改整个产品，从而延长产品的使用寿命。

(4)增强可定制性。用户可以通过选择和组合不同的模块，根据特定的需求自定义产品。该过程为用户提供了更多的选择，能够满足不同市场和用户的需求，同时降低库存堆积和废品的风险。

(5)有助于将产品快速推向市场。可以同时开发产品的各个模块，不需要等待整个产品的设计完成后再进行，从而使产品更快地进入市场，抢占更多的市场份额。

(6)有助于减少资源浪费。当产品出现问题时，只需替换受影响的模块，而无须丢弃整个产品，有效降低了废弃物的产生，有助于保护环境，减少资源浪费。

(7)有助于降低产品设计开发的风险。如果市场需求发生变化或产品出现问题，只需更改或替换受影响的模块，而不需要重新设计整个产品，可有效降低产品设计开发的风险。

综上所述，在产品开发和制造过程中，模块化设计可提高产品的生产效率、质量和可维护性，增强可定制性，有助于将产品快速推向市场；同时可以通过模块的变换延长产品的使用寿命，故模块化设计是一种健康的、可持续的设计。图6-18所示的模块化婴儿床改进设计方案就运用了模块化设计的思想，解决了宝宝2岁以后婴儿床就被闲置而产生的资源浪费的问题；将底部支座和床体设计成独立的模块，可通过不同的组合搭配方式，实现"婴儿床+桌椅"的多功能设计，延长了产品的使用寿命。

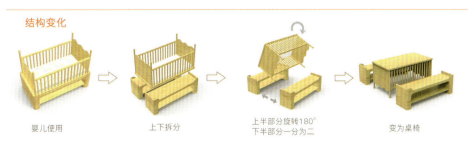

图6-18 模块化婴儿床改进设计方案（设计者：朱文馨、字珍会、郭龙）

6.6 产品系列化设计

6.6.1 产品款型

款型通常指的是一种特定的设计或风格，常用于描述服装、鞋类、家具等产品。它包含了产品的整体外观、形状、线条，以及设计元素等方面的特征。不同款型的产品具有不同的风格和特点，可满足不同用户的审美和使用需求。

在工业设计或产品设计中，款型可以理解为产品的款式与型号。具体来讲，款式是指产品的样式或造型，该部分内容主要在形态构成学和产品造型设计中探讨，主要通过运用形象思维和感性思维展开研究；型号则对应产品的大小或尺寸，产品的型号主要在产品的规格系列化或标准化范围内讨论，型号的制定更多是从逻辑和理性的角度来考虑产品的规格问题。

在产品设计活动中虽然产品的款式和型号看似是可以分开考虑的两个方面，但学习了产品系统设计理论与方法之后会发现，任何一个产品都不是孤立存在的。首先，从广义或企业长远发展的角度来看，企业需要考虑产品线和产品系列的问题；从狭义或产品系统本身来看，从0到1的创新比较少见，绝大多数新产品是在原有产品的基础上进行改进和优化的。

在产品品种极为丰富的当下，综合考虑产品的款式和型号至关重要，这有助于实现产品系列的一致性和统一性，确保产品在市场上有明确的定位，满足不同用户的需求。在产品设计中，款式的设计主要涉及产品的外观和形象，需要让产品看起来吸引人、与品牌形象相符，以及在审美和功能之间取得平衡。款式的设计通常受时尚、文化、市场趋势和用户需求的影响。产品的款式也可以反映设计者的创意，使产品在激烈的市场竞争中脱颖而出。与此同时，产品的型号也是至关重要的，它决定了产品的尺寸、容量、性能和其他技术特性。型号的制定需要考虑生产工艺、成本效益、物流和供应链管理等因素。通过制定不同型号的产品，增加产品的多样性，使产品能够满足不同市场和用户的需求，进而拓展市场份额。

总之，产品的款型是产品设计和开发中需考虑的关键因素，它们在满足市场需求、维护品牌一致性和提升生产效益方面起着重要作用。产品设计者和产品制造商只有在款式和型号之间找到平衡，才能成功推出产品。

6.6.2 系列化概念解读

系列化是通过分析、研究同一类产品的发展规律，从而预测产品的发展趋势。结合企业自身的生产技术条件，经过全面的技术经济比较，对产品的主要参数、款型、基本结构等进行合理的安排与规划；尤其是将同一品种或同一款型产品的规格按最佳数列进行科学排列，以尽可能少的品种数量满足最广泛的需求，从而形成标准化的产品品种和规格。

设计案例 6-1 >>>
用系列化设计打造价值感产品——中车传感器的系列化改良设计[①]

设计任务：重新设计中车经典产品——传感器。

设计需求：不仅要解决前期产品存在的设计感不足、系列感缺失、品牌形象不突出等问题，而且要在新产品中突出专业、现代、安全、高效、稳定等特点，更重要的是突出中车的品牌形象。简而言之，让人一看到这款产品，脑海中第一反应便是"这是中国中车的产品"（图6-19）。

设计定位：给用户安全可靠的第一印象，并通过统一且系列化的设计语言，提升中车的品牌形象。在国际竞争中，让中国占据强有力的优势！让"高铁外交"成为国家发展的新名片。

设计内容：

（1）外观造型设计——X形的设计元素。X形的设计元素（图6-20）往往给人以安定的结构感和沉稳的力量感。在那些需要强调可靠性与稳定性的产品中，该元素被广泛运用。细节处采用折面处理，可增加产品在视觉上的力量感。传感器体积虽小，作用却大，不容轻视。

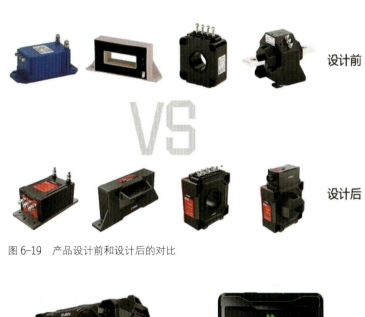

图6-19 产品设计前和设计后的对比

图6-20 X形的设计元素在产品中的应用

[①] 明锐工业设计. 用系列化设计打造价值感产品 | 明锐设计 中车CRRC传感器 [EB/OL]. (2021-08-25) [2024-07-22]. https://baijiahao.baidu.com/s?id=1709022846603395&wfr=spider&for=PC. 有改动。

（2）色彩设计。统一配色，以强调产品系列感。采用65%的黑色沉稳色、25%的深灰色层次点缀色、10%的中国红性能强调色。黑色作为主体色，给人安定、可靠、沉稳的感觉；部分部件采用深灰色，在保证主体基调的同时，增加视觉层次感；小部件和标贴采用红色作为系列配色特征色，赋予产品高性能的印象（图6-21）。此次采用的中国红色调也符合中车的品牌形象，与中车LOGO相呼应。

（3）细节设计。在不改变结构尺寸的前提下，赋予产品鲜明而统一的设计细节，通过采用统一的配色与标签设计，强化产品的系列感与品牌感。

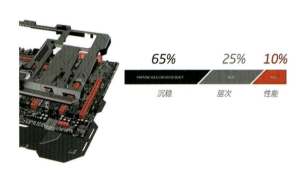

图6-21　系列化传感器颜色设计

习　题

1. 名词解释
(1) 模块。
(2) 系列化。
(3) 产品整合设计。
(4) 产品平台。
(5) 关联产品群。
2. 问答题
(1) 模块有哪些特点？
(2) 模块化设计应遵循的原则有哪些？
(3) 产品平台整合战略的核心是什么？企业为什么要实行平台化发展战略？
(4) 产品整合的四个层次是什么？
(5) 产品系列化设计的作用有哪些？
3. 设计思考题
延伸和深化课堂案例分析，思考婴儿床还可以有哪些扩展功能？提出创新点并手绘设计方案。

【在线答题】

第 7 章
产品系统设计实践

- 第7章 产品系统设计实践
  - 专题设计
    - 可持续城市与社区
      - 案例 7-1 社区厨余垃圾堆肥与绿化产品服务系统设计
      - 案例 7-2 基于可持续发展理念的校园碎纸打印机产品服务系统设计
      - 案例 7-3 社区共享儿童玩具清洁产品服务系统设计
    - 良好健康与福祉
      - 案例 7-4 "杏林守望者"乡村医疗产品服务系统设计
      - 案例 7-5 "时光不老,互助养老"产品服务系统设计
      - 案例 7-6 "守护者"智能陪伴产品服务系统设计
  - 企业项目实践
    - 案例 7-7 宁夏宏源长城机床有限公司倒立式数控车床产品改进设计
    - 案例 7-8 设计助力乡村振兴,新民社区"沐恩巧媳妇"产品系列化创新设计

7.1 专题设计

7.1.1 可持续城市与社区

案例 7-1 >>>
社区厨余垃圾堆肥与绿化产品服务系统设计

设计者：覃荫浪、王雪平、张发栋

当今社会，人们可使用的物质资源日益丰富，但对资源的过度开发和不合理利用也造成了环境的恶化。可持续发展理念追求的不仅仅是经济增长，还注重保护与改善环境，力求实现金山银山与绿水青山的和谐统一。环境污染已成为全球性难题，严重阻碍了经济的可持续发展。在垃圾处理问题上，厨余垃圾作为城市垃圾的主要构成部分，既是废物也是资源，因此，有效处理厨余垃圾对保护环境和节约资源至关重要。

本项目以厨余垃圾为研究对象，从系统化设计的角度出发，将社区堆肥作为解决方案的核心环节。从源头上对厨余垃圾进行科学处理，不仅可以降低运输成本，而且能有效减少运输过程中可能带来的环境污染，有利于实现环境可持续发展的目标。通过系统化的设计分析，以堆肥产品为核心，将社区居民、活动组织者、政府、运营团队和社区绿化工作者等利益相关者紧密联系在一起，构建社区厨余垃圾堆肥与绿化产品服务系统（图7-1）。该系统旨在为厨余垃圾的有效处理与资源回收提供理论支持和实际操作依据，推动城市的可持续发展，改善环境质量。

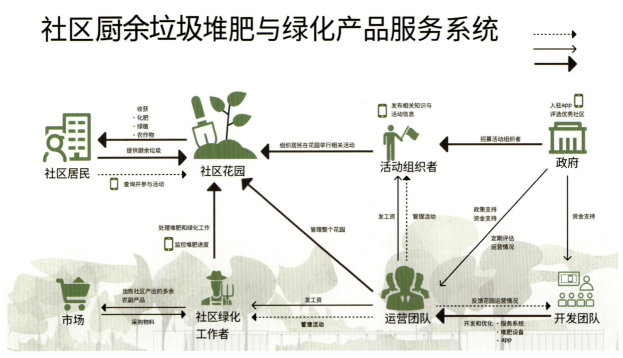

图 7-1　社区厨余垃圾堆肥与绿化产品服务系统

第 7 章 产品系统设计实践

为了实现上述目标,该系统引入了硬件设备——社区堆肥装置,以及服务类产品——社区堆肥绿化 app。通过有氧堆肥将堆肥箱内的厨余垃圾转化为肥料,并在堆肥箱外部配备显示屏,实时监测内部堆肥情况,控制堆肥收集仓和投土仓的开闭。堆肥完成后,通过在社区堆肥绿化 app 上发布信息,社区居民可以自助取用肥料参与社区绿化,或者取用肥料种植自家的绿植。社区产出的多余肥料还可以对外出售,从而为社区堆肥服务提供持续的资金支持。社区堆肥绿化 app 允许居民和管理人员实时查看社区发布的教育活动,并参与社区堆肥与绿化管理活动。管理人员可以通过社区堆肥绿化 app 发布活动通知,引导社区居民参与垃圾分类和绿化活动。社区居民的用户体验地图如图 7-2 所示。

社区厨余垃圾堆肥与绿化产品服务系统的构建与实施,有助于激发社区居民积极参与环境保护与资源回收。社区不仅能邀请专业绿化园艺师进行详细解说,而且还可通过实时显示屏展示堆肥的操作过程,让居民深入了解堆肥系统的工作原理和效益。这种互动式的教育活动不仅提升了社区居民的环保意识,而且增强了社区的凝聚力,为实现可持续发展目标提供了有力支持(图 7-3)。

【拓展视频】

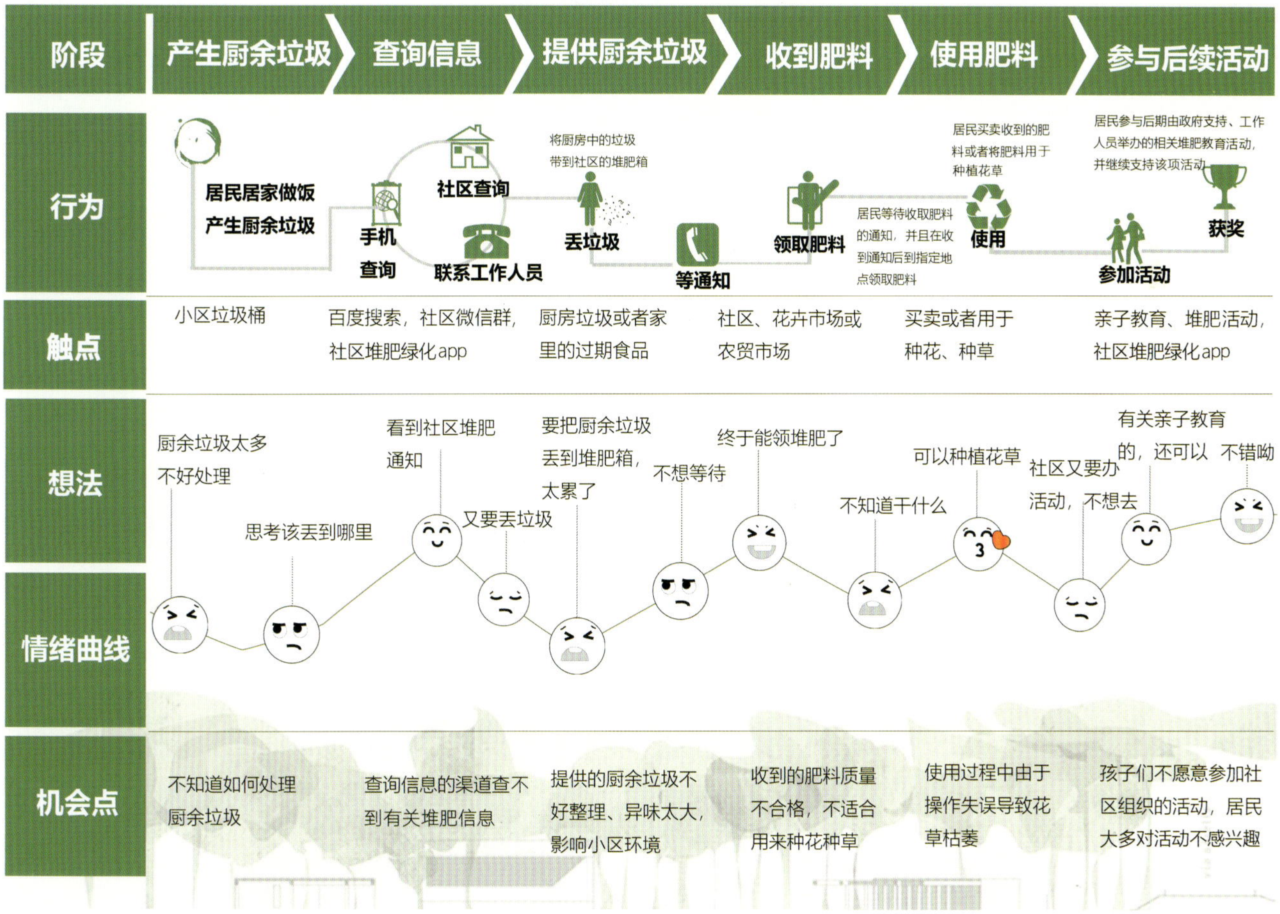

图 7-2 社区居民的用户体验地图

图7-3 社区厨余垃圾堆肥与绿化产品服务系统设计方案展板

案例 7-2 >>>
基于可持续发展理念的校园碎纸打印机产品服务系统设计

设计者：赵晓恩、杨小锋、彭秋豪

近年来，全球各行各业（无论是制造业还是服务业）都在积极朝着节能环保方向转型。纸张作为人类长期使用的重要材料，消耗量较大。为了生产纸张，数不清的树木被砍伐。然而，由于纸张的价格相对较低，当前社会普遍存在大量纸张被浪费的现象，这对环境的可持续性发展构成了严重威胁，因此迫切需要有效的措施来提高纸张的利用率，推广二次利用、多次利用乃至循环利用，从而大幅减少树木资源的消耗，使生态效益最大化。

相关数据显示，学生在纸张资源使用中占据了重要比例，特别是大学生，约占 30%。为了有效引导学生参与纸张的回收利用，本项目基于可持续发展理念，设计了校园碎纸打印机产品服务系统（图 7-4）。该系统由碎纸打印机、碎纸机信息管理平台、校园纸张回收 app 三大核心产品组成，将高校师生、设备管理人员、产品研发团队、运营团队、供应商等利益相关者联系起来，通过优化校园废纸资源的管理和利用，实现环保节能的双重目标。

本项目以高校师生为核心用户，针对用户需求和痛点展开了深入分析（图 7-5）。校园碎纸打印机产品服务系统使高校师生能够方便地回收和粉碎废纸。系统采用智能碎纸、打印一体化设计，不仅可以保护用户的隐私和数据安全，而且可以通过 app 的奖励机制激励用户使用碎纸打印机，将回收行为转化为环保积分，这些积分可用于抵扣打印费用，从而进一步促使用户积极参与废纸的回收利用（图 7-6）。

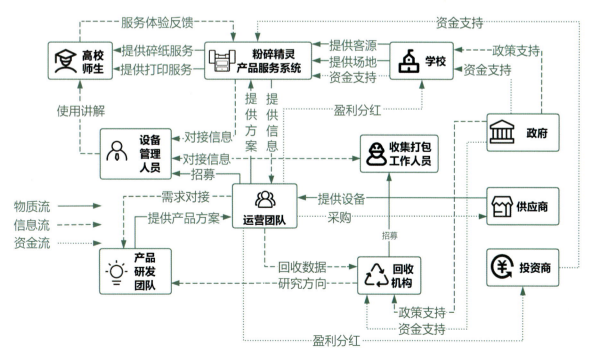

图 7-4 校园碎纸打印机产品服务系统

用户分析
USER ANALYSIS

○ 提取关键词

根据目标人群需求及实际状况提取关键词。

 纸张   回收   环保   便捷

○ 用户画像

用户画像可以使产品服务对象更加聚焦，更加专注，帮助设计者确定用户人群的目标及用户痛点。通过用户画像，设计者可以更好地了解产品，这样在后期进行设计时，设计者可以更多地站在用户的角度思考。

24岁 女 硕士在读

欧阳同学是一名在读研究生，平常喜欢一边听着舒缓的音乐，一边阅读文献资料，需要经常与"纸"打交道。

○ **用户目标**
想要方便地处理废弃纸张资料。

○ **用户痛点**
学习生活中会产生很多废纸，但并没有好的废纸回收方式。

21岁 男 本科

杨同学是一名在校大学生，因为临近期末，打印店总是排长队，打印资料往往会花费很长时间。

○ **用户目标**
想要更方便地打印资料。

○ **用户痛点**
打印很不方便，特殊时期更加麻烦。

23岁 女 本科

董同学是一位在校大学生，现在处于备战考研阶段，会打印大量资料来提高学习效率，很多不必要的资料堆积在宿舍。

○ **用户目标**
希望能够方便地打印资料，同时处理废纸。

○ **用户痛点**
不想直接将废纸丢弃，没有好的废纸回收方式。

侯先生
年龄： 53岁
职业： 大学教授
教育程度： 博士

○ **对校园废纸的看法**
这是一个急需解决的环保和资源管理问题，学校管理层应该给予重视。

○ **痛点分析**
大量未被回收的废纸意味着大量资源的浪费，与此同时这也是一种潜在的经济损失。

朱先生
年龄： 48岁
职业： 大学教授
教育程度： 博士

○ **对校园废纸的看法**
校园具有示范作用，废纸处理不当可能会向社会传递错误信号。

○ **痛点分析**
废纸处理不当，未能有效突出资源循环利用的重要性，可能削弱学生的环保意识。

图 7-5　用户画像

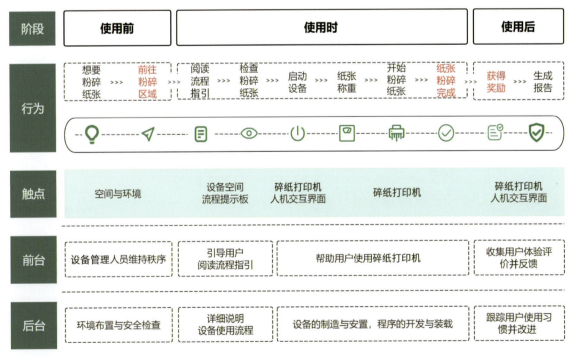

图 7-6　服务蓝图

此外，该产品服务系统还可以进一步拓展更多功能和内容，如校园环保教育相关内容，学生可以通过app了解学校组织的环保活动（环保讲座、废纸艺术展等），从而提升学生的环保意识，建设校园环保文化。用户体验地图如图7-7所示。

综上所述，校园碎纸打印机产品服务系统（图7-8）的实施不仅有效地减少了校园内的纸张浪费，而且通过积极的环保教育和奖励机制，还深化了学生的环保责任意识。该系统不仅仅是废纸回收利用的工具，更是校园可持续发展和环保文化建设的重要平台。学生在使用该系统的过程中，不仅可节约资源，而且能积极参与到环保行动中，这为塑造绿色校园、培养未来环保领导者贡献了力量。

【拓展视频】

阶段	来到粉碎区域	阅读流程指引	检查粉碎纸张	启动设备	纸张称重、粉碎	粉碎完成	获得奖励	服务评价反馈
行为	用户进入设备安放的区域，在设备管理人员的指引下有序使用设备	用户阅读张贴于设备附近的流程指引，学习设备操作流程与方法	用户检查将要粉碎的纸张，确保没有重要文件被误粉碎	用户与设备进行交互，点击启动按钮，粉碎纸张	设备对进行粉碎的纸张进行称重，称重完成后，自动将纸张送入粉碎区域	设备将纸张完全粉碎后，粉碎功能停止	通过计算分析用户粉碎的纸张质量，奖励用户相应的空白纸张或免费打印次数	用户在设备上或者app上进行服务评价与反馈，以便于系统后期优化改进
情绪曲线	排队好无聊	设备怎么用啊？ 原来设备使用方式这么简单	检查完成，可以粉碎了 可不能把重要的文件粉碎了	设备启动了	我的纸张原来有这么重	纸张粉碎完成啦	竟然还有奖励	评价一下本次服务体验
触点	干净整洁的环境，友好的设备管理人员	清晰的指引，简洁易懂	温馨的提示语句，充足的预留时间	简洁的人机交互界面	设备上的称量部件	悦耳的提示音	A4纸奖励，或者免费打印次数的奖励，温馨的提示语	后续跟进，简单评价渠道，积极的客服
需求	对环境及设备感到陌生不安，需要设备管理人员进行有序的指引	需要时间来理解操作方法，需要在场地多处布置引导指示板	用户需要时间来检查自己的纸张，设备会提前提醒用户检查	面对陌生的设备，用户需要简单流畅的操作界面，操作界面的设计须符合多数人的操作习惯	用户可以直观感受到粉碎的纸张的质量，并将质量与积分及对回收的贡献程度挂钩	用户等待时会感到焦虑，通过舒缓的提示音缓解用户情绪	粉碎后的奖励需要与用户粉碎纸张的质量对应	用户评价时可能会不耐烦，评价流程一定要简单
机会	帮助用户尽快适应设备，用户过多时，维持现场秩序	通过对用户的指引，用户可以进行自助服务，减少人力的投入	避免用户粉碎重要文件，提醒用户自行检查，因为粉碎过程不可逆	为便于用户操作，可在交互界面提供一定的指引及明显的按钮设计	让用户直观感受到粉碎的纸张质量，并设计鼓励的提示语，为用户提供情绪价值	粉碎部件完全封闭，避免误伤用户，防止纸屑飞溅	计算用户粉碎的纸张质量，并将其转换为保护地球的贡献度，加以实物奖励，鼓励用户持续使用设备	及时处理用户的反馈，不断升级设备与系统

图7-7　用户体验地图

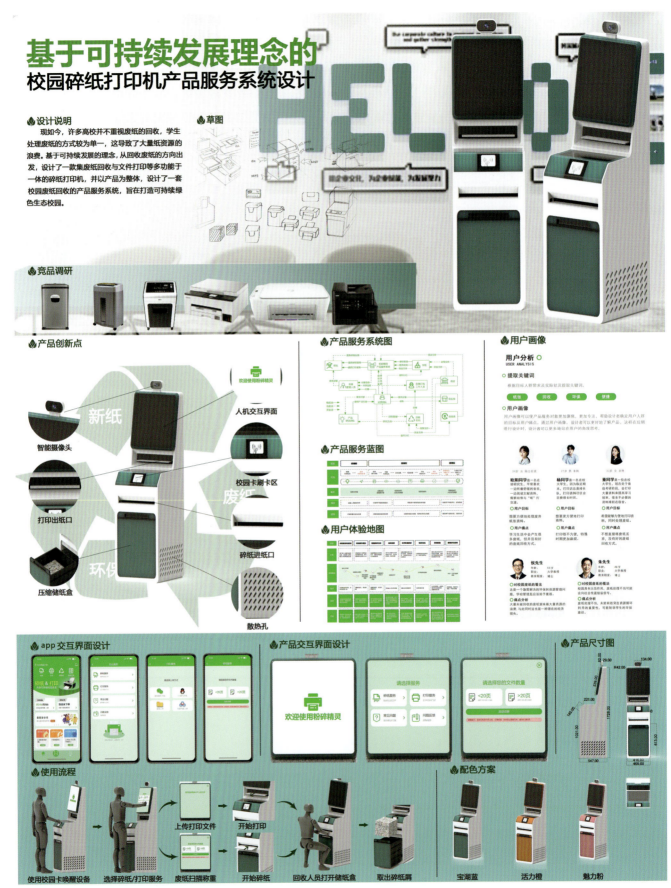

图 7-8 校园碎纸打印机产品服务系统方案展板

案例 7-3 >>>
社区共享儿童玩具清洁产品服务系统设计

设计者：李原慧、施雨婷、文晓丹、罗雪婷、隆盛海

《中国儿童发展纲要（2021—2030）》提出："儿童是国家的未来、民族的希望。当代中国少年儿童既是实现第一个百年奋斗目标的经历者、见证者，更是实现第二个百年奋斗目标、建设社会主义现代化强国的生力军。促进儿童健康成长，能够为国家可持续发展提供宝贵资源和不竭动力，是建设社会主义现代化强国、实现中华民族伟大复兴中国梦的必然要求。党和国家始终高度重视儿童事业发展，先后制定实施三个周期的中国儿童发展纲要，为儿童生存、发展、受保护和参与权利的实现提供了重要保障。"

玩具在儿童的成长过程中扮演着重要的角色，是促进儿童健康成长的重要工具。当前社会，工业化大规模生产方式刺激了消费主义的盛行，尤其在儿童玩具领域，儿童对玩具需求的快速变化使得玩具更替的频次和数量达到了历史新高。中国作为全球重要的玩具制造和消费大国，2.98 亿名儿童推动了玩具市场的蓬勃发展，但也带来了一些问题，如儿童玩具闲置堆积，存在玩具卫生隐患及玩具使用寿命短等。

在这样的背景下，结合可持续发展理念、社区玩具共享和玩具清洁的需求，设计社区共享儿童玩具清洁产品服务系统，该项目将成为解决这些问题的重要实践课题。社区共享儿童玩具清洁产品服务系统包括玩具清洗设备和 app 两大模块。硬件产品和软件服务的结合，将社区居民、社区服务人员、玩具清洗设备管理服务平台工作人员及玩具回收机构等多方利益相关者联系起来，从而实现社区儿童玩具资源的有效利用和循环利用。通过该产品服务系统，社区居民可以便捷地预约玩具清洗服务、了解设备使用情况和位置，还能参与玩具资源的共享和回收。

社区服务人员通过 app 管理维护玩具清洗设备，保证设备的高效运转和安全。设备管理服务平台工作人员负责监控玩具清洗设备的运行状态，包括设备的清洁效果、消毒程序执行情况及维护保养需求等，以满足社区居民清洁玩具的需求。

社区共享儿童玩具清洗产品服务系统的核心在于通过共享模式整合社区内的玩具清洗需求，减少资源浪费，在实践中推广和践行绿色环保理念。科学合理地管理玩具的使用和清洗流程，可延长玩具的使用寿命，有效减少社区的环境负荷，提升社区儿童的生活质量和玩具使用的安全水平。

社区共享儿童玩具清洁产品服务系统的建设不仅仅是传统消费模式的创新，更是社区可持续发展理念的具体实践。通过技术与社区资源的有机结合，为儿童提供了更安全、更健康的玩具使用环境，为社区居民带来了便捷与环保双重收益（图 7-9、图 7-10）。

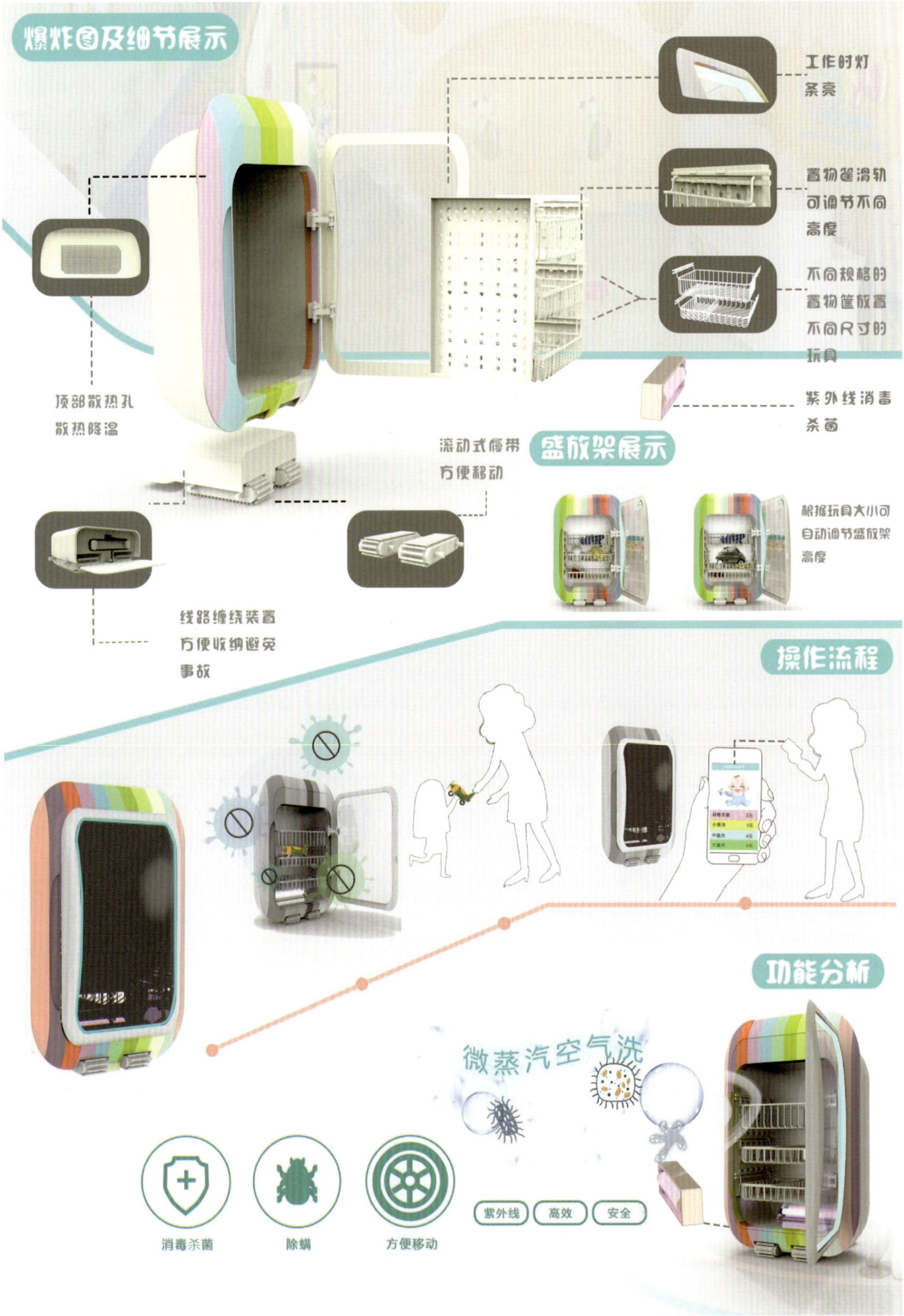

图 7-9　社区共享儿童玩具清洁产品服务系统设计方案展板 1

图 7-10 社区共享儿童玩具清洁产品服务系统设计方案展板 2

7.1.2 良好健康与福祉

案例 7-4 >>>
"杏林守望者"乡村医疗产品服务系统设计

设计者：罗淑丹、寇子轩、许靖阳

在我国乡村地区，尤其是偏远山区，由于交通条件落后、信息传播不畅，居民在就医时面临着多重挑战，包括出行困难、就医时间过长、急救响应效率低及高昂的间接费用，严重影响了乡村居民就医。特别是对于留守老年人而言，他们缺乏有效的医疗服务和照顾，就医之路愈加艰辛，常常在疾病发生时感到无助。

为了解决这一系列问题，特别是针对乡村医疗条件不佳和留守老年人就医困难的现状，提出了"杏林守望者"乡村医疗产品服务系统（图 7-11）设计方案。该系统不仅积极响应国家《关于进一步深化改革促进乡村医疗卫生体系健康发展的意见》的政策导向，还充分考虑了资源整合与模块化设计的理念，旨在高效利用各方资源，提升乡村医疗服务的整体水平。

在具体实施过程中，该系统将乡村医疗点的工作人员、三甲医院服务基层的医生、乡村基层政府服务人员、留守老年人及在外工作的老年人子女等多方利益相关者（图 7-12）进行有效联结，构建了一个紧密合作的医疗服务网络，确保各方能够协同工作，共同应对乡村医疗服务医疗条件不佳和留守老年人就医困难的挑战。

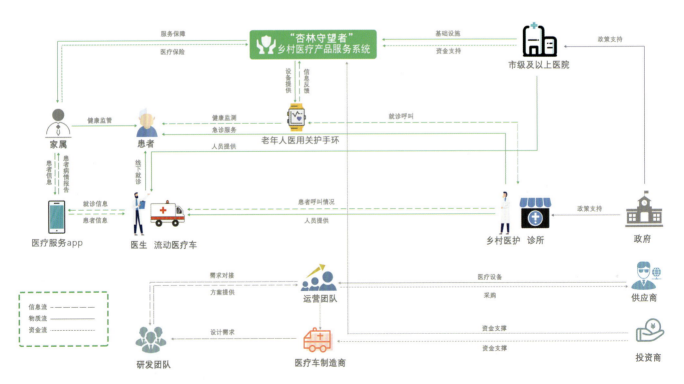

图 7-11 "杏林守望者"乡村医疗产品服务系统

为了实现上述目标,该系统引入了流动医疗车、老年人医用关护手环及医疗服务 app 三大产品。流动医疗车不仅配有专业医生和护士,还配有基本的医疗设备,使其能够深入乡村,为老年人提供及时的医疗服务;老年人医用关护手环可实时记录老年人的健康数据,如心率、血压等,确保能够及时发现老年人潜在的健康问题;医疗服务 app 为老年人提供了便捷的在线咨询、预约挂号和健康管理等服务,极大地提高了医疗服务的可及性和响应速度。

该系统可以实现"一键救护、高质量医疗跟进和健康养老"等多项功能,大大简化了用户就医流程。有急救需求时,老年人只需通过医用关护手环一键呼叫,系统便会迅速调度流动医疗车赶往现场,并通过医疗服务 app 将病情信息传递给医生和子女,确保急救的及时性与有效性,以及后续医疗服务顺利推进。"杏林守望者"乡村医疗产品服务系统(图 7-13)的实施,将助力乡村医疗服务实现转型与升级,提高乡村医疗水平,并有效改善乡村养老质量。这一系列举措旨在为广大乡村老年人提供更便捷、更高效的医疗服务,努力实现人人享有健康服务的目标,真正落实健康公平的理念。

【拓展视频】

刘老太太

71岁,不会使用功能复杂的智能手机,最近检测出血压偏高

居住地:乡村　　年龄:71岁
工作地:无　　　性别:女

就医需求
- 可以及时就医
- 救援呼叫工具使用简便
- 在村里就能与医生交流

就医问题
- 距离医院远,出行不便
- 救援呼叫工具使用不便
- 在村里不能与医生交流

李医生

就职于市医院,有丰富的治疗经验

居住地:城市　　年龄:35岁
工作地:城市　　性别:男

乡村出诊需求
- 有专门的交通工具
- 可以提前了解病人的基本情况
- 有可以协助的助手

出诊遇到的问题
- 并不是严重的病却需要出诊
- 无法进行紧急手术

家属

外出打工,无法及时照顾老人

居住地:乡村　　年龄:30岁
工作地:城市　　性别:女

家属现状及需求
- 出门在外无法及时看护老年人
- 自己不具备急救知识
- 急救人员能快速到场

问题
- 无法知晓老年人被救助后的情况

诊所大夫

居住在乡村,对乡村环境很熟悉

居住地:乡村　　年龄:30岁
工作地:乡村　　性别:男

需求
- 可以准确定位出诊位置
- 可以直接通知医院
- 可以通知家属

问题
- 当同时有两处或多处发出求救信号时,分身乏术

图 7-12　用户画像

图7-13 "杏林守望者"乡村医疗产品服务系统设计方案展板

案例 7-5 >>>
"时光不老，互助养老"产品服务系统设计

设计者：李国鑫、李佳欣、罗津

"时间银行"概念由伦敦政治经济学院资深研究员、美国学者埃德加·卡恩于 20 世纪 80 年代首次提出。其核心理念是志愿者可将参与公益服务的时间存入"时间银行"，并在个人需要帮助时提取等值的"服务时间"。国内较早有关"时间银行"的实践探索开始于 1998 年，上海市虹口区晋阳居委会开设第一家与养老服务挂钩的"时间银行"，首次尝试时间储存式养老服务模式。然而，这些早期的"时间银行"规模有限，通常仅在街道层面运作，主要依赖手工记账进行记录。近年来，"时间银行"虽然应用了小程序等互联网工具，但是仍未实现全面互联互通。用户在一个地区提供服务后，可能在其他地区无法获得认可，无法获得他人的服务。同时，这些互联网工具缺乏相应的激励机制，导致用户参与积极性不高。

基于"时间银行"的核心理念和当前实施中面临的挑战，本项目致力于构建"时光不老，互助养老"产品服务系统，将志愿服务与养老服务进行有机整合，设计出一个全面的、通用的互助养老体系，为志愿者服务和养老服务领域的发展提供新的思路。

"时光不老，互助养老"产品服务系统将志愿者、老年人、老年人子女、医疗救助机构、志愿者服务平台工作人员等多方利益相关者（图 7-14）联系起来。通过服务的协调和串联，实现互助养老的可持续发展目标。该系统包括硬件手环产品和软件服务 app 两大模块。硬件部分的核心是一款功能多样的手环，具备数据传输、现场拍摄、扬声器、紧急救援、健康监测等功能。该手环采用"对环"形式设计，一个供志愿者佩戴，另一个供接受志愿服务的老年人佩戴。该手环与志愿服务各种场景紧密结合，支持老年人紧急呼救、志愿服务现场取证、积分累计和兑换等功能（图 7-15）。

app 分为老年人端和志愿者端两个用户端。老年人可以通过 app 查阅健康监测数据、获取健康咨询、与志愿者联系等。该设计充分考虑了老年人的使用需求和适老化设计原则，手环与 app 信息关联，可实时评估老年人的养老生活质量和服务对接情况。志愿者可以通过 app 接单、与服务对象联系、记录志愿服务时长、积分兑换等（图 7-16、图 7-17）。

"时光不老，互助养老"产品服务系统通过志愿者与老年人的直接联系和服务，打破了传统养老服务中的时间和空间隔阂，实现了养老服务的即时响应和个性化定制。这种直接的人际互动不仅提高了老年人的生活质量，还为志愿者提供了一种参与社区服务的渠道。该系统中的硬件手环产品（图 7-18）不仅仅是一种技术工具，更是一种情感纽带和安全保障。老年人佩戴手环后，不仅能够及时接受志愿者的服务和关爱，还能够通过健康监测功能实现健康数据的监测和记录。这种智能化的健康管理不仅提升了老年人的自我感知和健康管理能力，也为家庭成员和医护人员提供了实时的健康数据信息，进一步提高了养老服务的质量和效率。该系统构建的这种基于互助的养老模式，不仅仅关乎老年人的福祉，更涉及整个社会的发展和稳定。"时光不老，互助养老"产品服务系统设计方案展板见图 7-19。

【拓展视频】

USER PORTRAIT
用户画像

高大龙　　78岁　　男　　退休教师

关键词： 高龄　孤独　缺乏帮助

个人爱好： 养花逗鸟、读书看报

个人痛点
1. 不能及时被帮助。
2. 没有人陪我聊天。

个人需求
1. 希望有一款产品能够及时为我提供帮助。
2. 并且能够有人陪我聊聊天，解解乏。

使用场景
1. 按呼叫按钮，可以让志愿者过来进行志愿活动。
2. 遇到突发情况（摔倒、晕倒）时，手环发出警报，同时小区内的志愿者获得消息，前去救援。
3. 按时提醒吃药。

赵龙　　56岁　　男　　志愿者

关键词： 异地　无法兑现　激励过少

技能特长： 按摩、做饭、理疗、康复训练

个人痛点
1. 自己的志愿服务在异地无法获得认可，也无法获得他人的服务。
2. 激励机制不够好，能够得到的东西不多。

个人需求
1. 希望自己的志愿服务在异地也能得到认可。
2. 有一个更好、更完善的激励机制。

使用场景
1. 与发布任务的手环进行对接，开始执行任务，记录时长，任务结束时，再进行一次对接。
2. 老年人遇到突发状况时，手环会震动，并发出声音，提醒是哪位老年人，方便寻找。
3. 可以在app上用积分兑换物品，也可以利用自己的服务时间换取对应的服务。

高龙　　30岁　　男　　老人家属

关键词： 外地　费用过高　无法照顾

个人痛点
老年人在遇到问题时不能及时得到帮助。家里没有人能够照顾老年人，雇用保姆的费用过高。

个人需求
有人能够在家照顾老年人，并且能够及时提供帮助，费用不能过高。

使用场景
1. 当志愿者结束服务时，子女可以通过询问老年人服务情况来确定是否结束服务。
2. 子女可以通过app查看老年人的健康情况，也可以通过app寻找志愿者为老年人服务。

图 7-14　用户画像

第 7 章 产品系统设计实践

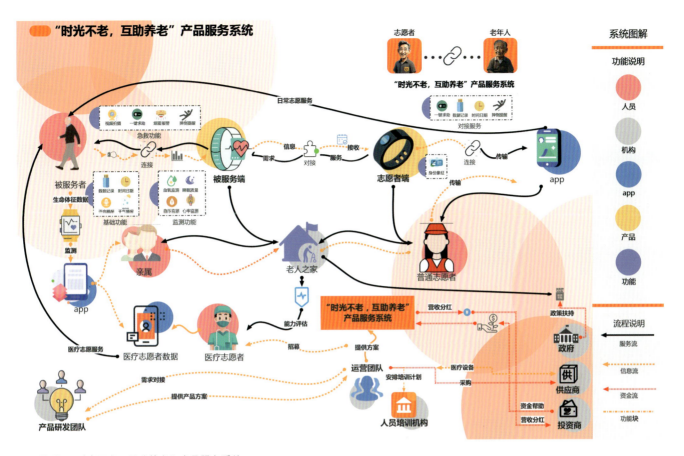

图 7-15 "时光不老，互助养老"产品服务系统

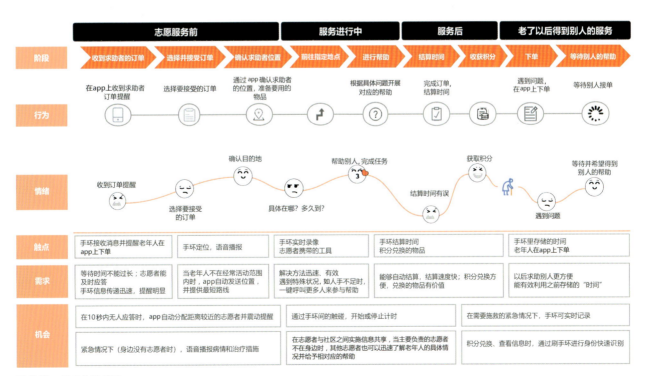

图 7-16 用户体验地图

150 / 产品系统设计：专题、项目、实践

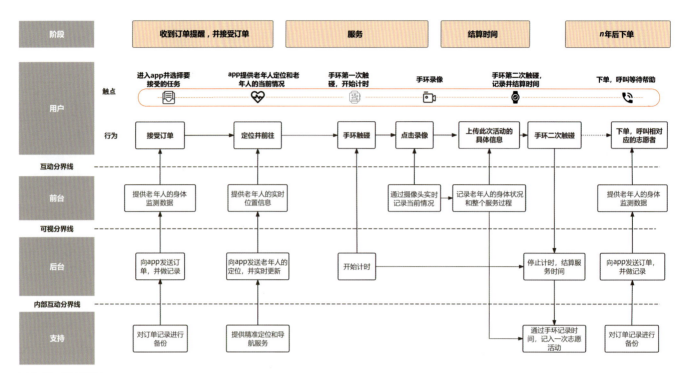

图 7-17 服务蓝图

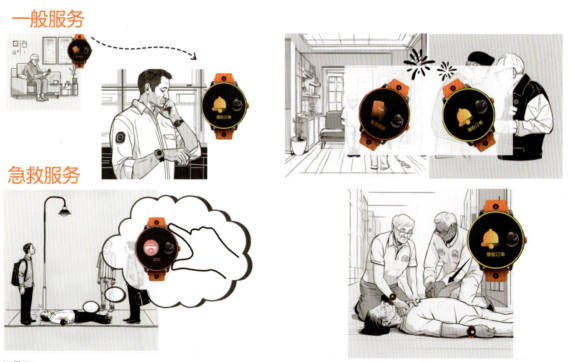

图 7-18 使用场景图

图 7-19 "时光不老，互助养老"产品服务系统设计方案展板

案例 7-6 >>>
"守护者"智能陪伴产品服务系统设计

设计者：莫理茗、陆胜福、杨志

随着人口老龄化的加剧，养老院成为许多老年人的归宿。然而，由于子女工作繁忙等，许多老年人在养老院常感到孤独和失落，未能得到足够的陪伴和关爱，特别是随着丁克一族逐渐老去，养老院中没有子女陪伴的老年人数量迅速增加。近年来，媒体不时报道一些无子女或子女不在身边的老年人在养老院受到护工伤害的事件，引发了社会对老年人权益保护的广泛关注。除了情感和社会问题，人口老龄化趋势也使得养老服务在人员配置方面面临新的挑战。为了解决这些问题，"守护者"智能陪伴产品服务系统应运而升，该系统旨在通过智能技术提高养老服务的质量和效率，消除养老服务监管中的"盲区"。

"守护者"智能陪伴产品服务系统（图7-20）包括硬件和软件两大模块。硬件部分包括智

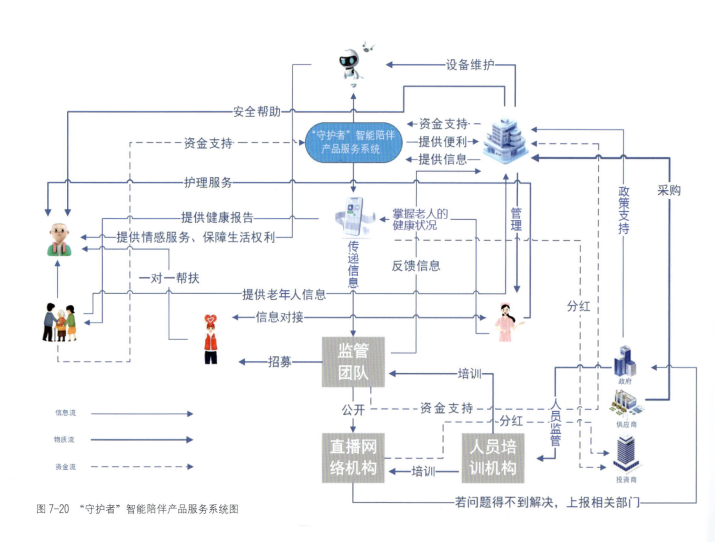

图 7-20 "守护者"智能陪伴产品服务系统图

能陪伴机器人和老年人关护手环。智能陪伴机器人能够为老年人提供日常生活数据实时监测、智能药箱、定时提醒、日常陪伴等功能。老年人关护手环能监测老年人的健康数据，并与陪伴机器人数据互通，实现全面的智能监护服务。软件部分是一款服务类 app，监护人和政府监管人员可以通过 app 实时查看老年人的养老服务数据、监管养老机构的服务质量，确保老年人得到全面的关怀和照顾。

该系统的核心创新点在于引入智能陪伴机器人（图 7-21），智能陪伴机器人通过提供个性化情感陪伴和健康管理，提高了养老院的服务质量和效率。这不仅可以减轻护工的工作负担，优化服务结构，而且还能强化社会对老年人的关怀和尊重。通过大数据分析和个性化定制服务，该系统能够为老年人提供更贴心、更专业的养老服务，同时也为养老行业带来显著的经济效益和市场拓展机会（图 7-22、图 7-23）。

【拓展视频】

智能陪伴机器人可以在老年人活动时跟在老年人身边，随时监测老年人健康数据；当老年人出现心率过快等症状时，智能陪伴机器人会及时提醒并向健康中心报备。	智能陪伴机器人可以24小时跟随在老年人身边，即使老年人身边有护工也会随时监测老年人健康数据，当数据出现问题时，会预警并向健康中心报备。	智能陪伴机器人在陪同老年人时，一旦监测到老年人的健康数据出现较大波动时，都会判断为老年人受伤，这时智能陪伴机器人会向救援中心发送救援信号，同时给健康中心发送信号。
智能陪伴机器人具有提醒功能，可在规定时间提醒老年人按时吃药，并设有储存药箱柜，方便老年人随时吃药。	在老年人沉睡时，智能陪伴机器人会时刻监测老年人健康数据，数据异常或沉睡时间过长时会叫醒老年人，若在规定时间内老年人未醒，则会给护工发送信号，进行人工叫醒。	智能陪伴机器人具有视频通话功能，子女给老年人拨打视频通话时，无须老年人同意，可以直接进行通话，老年人也可以通过语音控制智能陪伴机器人给子女打电话。

图 7-21　智能陪伴机器人日常服务场景

图7-22 "守护者"智能陪伴机器人产品服务系统设计方案展板1

图 7-23 "守护者"智能陪伴机器人产品服务系统设计方案展板 2

7.2 企业项目实践

案例 7-7 >>>
宁夏宏源长城机床有限公司倒立式数控车床产品改进设计

设计者：郭振威、简晓连、王欣然、张永丽、蒋陈云、王光玥

本项目是为宁夏宏源长城机床有限公司指定的一款倒立式数控车床进行产品外观创新设计。在设计之初，倒立式数控车床只完成了内部结构和核心技术模块的装配（图 7-24）。企业的需求是对车床外壳的造型和结构进行设计。为充分了解目标产品，设计小组开展了实地调研和用户访谈（表 7-1），收集设计需求，为倒立式数控车床产品改进设计找到思路和方向。通过观察工人的实际操作，按照使用前、使用中和使用后 3 个阶段划分，绘制了用户体验地图（图 7-25）。

图 7-24　倒立式数控车床的内部结构

表 7-1 用户访谈

访谈时间	2023 年 6 月 27 日	被访谈人	宁夏宏源长城机床有限公司的袁总
访谈地点	宁夏宏源长城机床有限公司产品车间		

访谈内容

访谈题目	回答内容
您在公司工作了多少年?	九年
客户购买车床的主要用途是什么?	主要用于加工各种回转表面和回转体的端面。如车削内外圆柱面、圆锥面、环槽及成形回转表面,车削端面及各种常用的螺纹,配有工艺装备的车床还可用于加工各种特形面。在车床上还能钻孔、扩孔、铰孔、滚花
您认为本次车床改造的重心是什么?	数控车床大部分的组装零部件是通过进口获得的,其内部结构零部件主要依靠模块化采购,现在我们须对车床外观进行改进,主要问题有正面面板在工作状态下容易扭曲,部分地方会溢油,要进行油的回收处理
您喜欢的车床外观是流线型的,还是直线条、规整一些的?	直线条、规整一些的。流线型外观虽然在造型上比较独特,但从产品功能实现的角度来看,没有太大的必要。大的曲面在加工、制作和安装时对精度要求较高,且大的曲面还容易出现变形等问题
您希望本次倒立式数控车床的外观是有较大的创新,还是延续现有产品的造型风格?	我们公司的车床都是直线条、简洁的造型风格,我希望新产品还是沿用之前的风格,保持统一。另外,我也希望有一些创新,现在的造型特点不突出,还有提升的空间
您认为车床是否需要多个操作界面?	车床的操作界面是模块化、一体化的。一个操作界面就可以解决车床的所有操作问题,不仅方便简洁,而且还可以模块化更换
您认为影响国产车床市场竞争力的因素有哪些?	稳定的产品是提供服务的前提,隔三岔五出现问题的车床,即使工艺再好,再及时维修,也会打乱整体的生产节奏,造成损失。相比于国外的车床,国产车床的稳定性稍差,用户对国产车床的稳定性抱有疑虑,因此国产车床的稳定性是用户选择时考虑的一大因素
您操作车床时,是否发现有设计不合理的地方,例如?	出料的地方,高度不合理,不仅不美观,而且容易撞到头
车床运行过程中不断产生废气、废液和切屑,它们是否影响到您正常操作车床?	出料的地方存在漏油的问题,漏下来的油无法进行合理处理
对于车床的安全性,您是否遇到过或见过相关问题?	现代车床设计的安全性方面基本没有什么问题,就我们要设计的倒立式数控车床而言,安全性方面可以考虑故障状态下车床门的自动感应问题,关注维修人员的安全问题
在车床的使用过程中,您是否经常会更换老化或损坏的零部件?	会经常维修,故要提前预留需要维修的位置
您是否了解现有车床的功耗问题?	合理设置加工参数、优化切削工艺、选择合适的工具和冷却液等可减少功耗;同时,定期进行设备维护和保养,检查电气系统和传动系统的工作状态,也可以降低功耗
您觉得目前的车床消耗能源是否较大?	倒立式数控车床相对于传统数控车床而言,消耗的能源相对较少。这是因为倒立式数控车床采用了垂直布局,工件在车削过程中由上往下进行加工,相比于传统数控车床的水平布局,减少了能源损耗
您是否觉得目前车床的造型需要进行较大的调整?	希望对现有的倒立式数控车床外观造型进行较大的调整。现有外观造型不仅没有符合"宏源"车床的标志性特征,而且在一定程度上影响了用户体验
您是否觉得车床放置占用的空间过大?	车床本来放置的空间就较大,但都中规中矩,只有自动排屑机是凸出来较大的部分
从目前车床行业发展现状来看,您觉得目前的车床智能化程度是否满足了用户需求?	就智能化方面来说,工人能熟练、方便地操作倒立式数控车床;在操作过程中,该倒立式数控车床仍采用机械手臂拿取、放置零部件,这种方式也是相对方便的
就咱们公司目前设计生产的车床而言,您能否谈谈还存在的问题?	该倒立式数控车床的成本高,维护困难,结构复杂,维修和保养相对较难、较复杂,而且倒立式数控车床的加工范围有限,加工大型工件或者复杂工件时存在一定的限制。操作要求高,操作人员需要具备足够的专业知识和技能

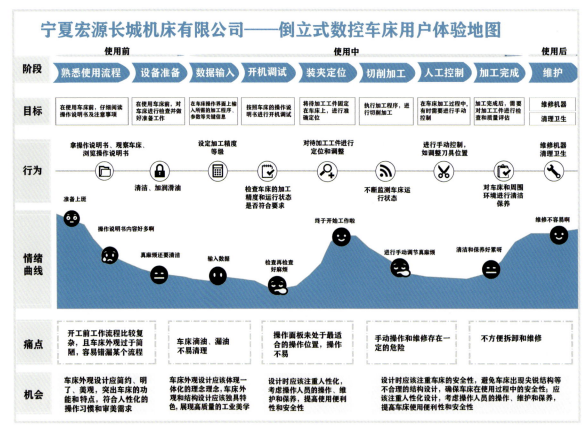

图 7-25 倒立式数控车床用户体验地图

倒立式数控车床是一种经过特殊设计的金属加工设备，其主轴（工件夹持装置）位于车床上方。与传统数控车床相比，其工作方式和结构布局有显著差异。工件悬挂在主轴上方，车刀能从工件底部进入，这种设计有利于保持工件的稳定性、减小振动，并能显著提高加工精度，尤其适用于加工大型、重型或非常规形状的工件。其操作方式更加灵活，能够有效提高生产效率。

在设计倒立式数控车床的外观时，必须全面考虑美学、功能性和用户体验。根据宁夏宏源长城机床有限公司的品牌形象和市场定位，外观设计应清晰地反映公司的核心价值。在人机工程设计方面，应优化操作元素的布局，以提升用户的操作体验。

【拓展视频】

在选择外壳材质时，需考虑其耐用性和视觉效果，可以采用金属、玻璃、塑料等高质量材料组合。同时，通过提升外观造型的科技感和操作界面的可视化效果，增强产品的市场竞争力。设计中考虑的可拆卸结构使维护更加便捷，而引入创新元素能使产品更具吸引力。

CMF 设计在塑造倒立式数控车床的外观方面发挥着关键作用。选择的色彩、材料和工艺必须与宁夏宏源长城机床有限公司的品牌形象和市场定位保持一致。此外，设计过程中还需考虑操作人员的舒适度和用户的视觉体验。通过深入的结构设计和产品外观方案效果评审，最终确定了结构合理，符合公司品牌形象和市场定位的优秀设计方案（图 7-26），为后续的开发制作奠定了坚实的基础。

图 7-26　倒立式数控车床外观创新设计方案展板

案例 7-8 >>>
设计助力乡村振兴，新民社区"沐恩巧媳妇"产品系列化创新设计

设计者：李微澜、覃若冰、赵永兴、覃永航、莫恒、姜艺翔、韦美莲、王菊颖、肖钰慧、韩成洋

本设计旨在对石嘴山市大武口区星海镇新民社区沐恩新居的手工编织产品进行系列化创新设计。该社区成立于 2012 年 7 月，是宁夏回族自治区"十二五"劳务移民集中安置区，该社区的居民均是从宁夏南部山区迁移而来的劳务移民。为帮助这些移民快速适应城市生活并实现角色转变，社区开展了多种就业培训和服务。为促进经济发展，社区成立了"沐恩巧媳妇"电商服务中心和手工车间，为 50 多名居民提供家门口的就业机会，解决了搬迁移民中妇女的就业难题。尽管社区在解决就业问题上取得了一定成效，但编织产品的销量不佳，主要问题在于销售渠道单一和产品同质化严重，产品设计缺乏创新，市场竞争力不足。

基于上述设计背景，本项目以"设计助力乡村振兴"为目标，组织学生开展设计实践，运用课程所学的产品系列化设计理念和方法，进一步完善和拓展社区编织产品线，提升产品的市场吸引力和竞争力。

为深入了解产品制作工艺和社区发展需求，设计小组开展了实地调研，参观了社区的手工编织车间和直播工作室。通过调研了解到，新民社区的手艺人掌握多种技艺，包括竹编、麻编、草编、藤编、剪纸和刺绣等。

通过用户访谈和与社区领导进行需求讨论，从创新工艺的角度出发，将藤编与刺绣结合，麻编与刺绣结合，为创新设计提供思路和方向，进而制作出更具特色的传统手工艺品。设计小组最终将产品的系列化创新设计分为三个主要方向：平面装饰图案设计、功能类产品系列化设计和创新型产品设计。在平面装饰图案设计方面，结合宁夏贺兰山岩画纹样、沙漠景观，设计符合宁夏文旅特色的主题装饰图案系列（图 7-27）；在功能类产品系列化设计方面，重点关注家居类产品的实用性，如手工编织的氛围灯罩系列（图 7-28）、模块收纳盒、纸巾盒、衣帽

图 7-27　宁夏文旅特色主题平面作品

架和宠物用品等；在创新型产品设计方面，将手工编织工艺与电子产品的 CMF 设计相结合（图 7-29）。设计小组经过深入设计和多轮的方案评审，完成了产品方案效果图，为进一步的开发和制作打下了坚实基础（图 7-30、图 7-31）。

图 7-28　手工编织的氛围灯罩系列方案效果展示

图 7-29　手工编织工艺在电子产品上的 CMF 设计效果应用展示

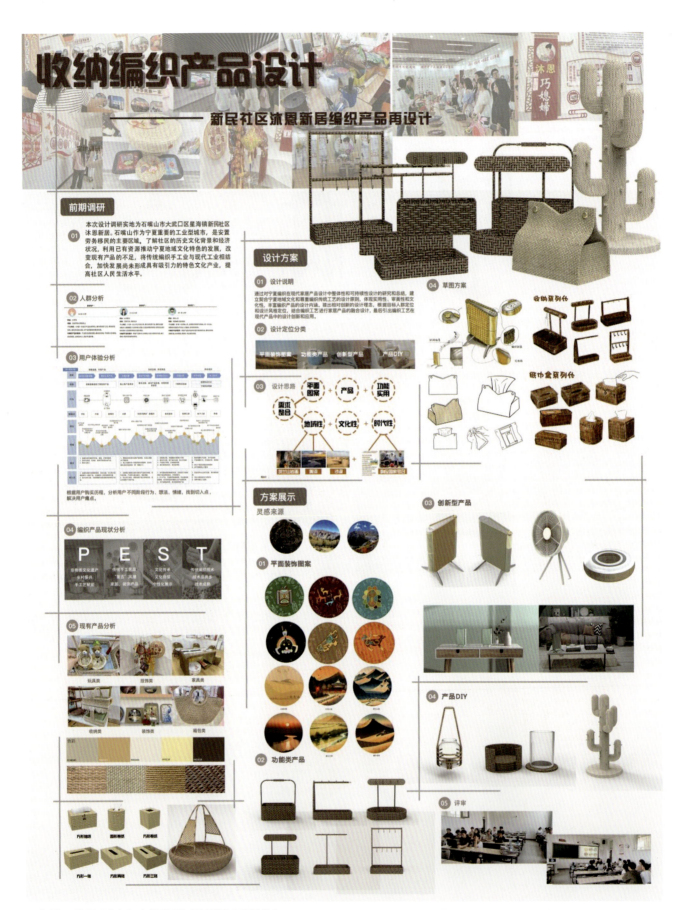

图 7-30 "沐恩巧媳妇"产品系列化创新设计方案展板 1

图 7-31 "沐恩巧媳妇"产品系列化创新设计方案展板 2

附录　AI 伴学内容及提示词

序号	AI 伴学内容	AI 提示词
1	AI 伴学工具	生成式人工智能（AI）工具，如 DeepSeek、文心一言、豆包、通义千问、Stable Diffusion、ChatGPT 等
2	第 1 章　课程导论	列举生活中存在的各种系统
3		生态系统、人体系统、智能家居系统的定义和组成要素
4		数字化设计、智能化设计、情感化设计、可持续设计、物联网、共享经济的概念和定义
5		什么是苹果生态系统
6		什么是小米生态链
7		什么是智能家居系统
8	第 2 章　系统设计基础	系统科学的概念和定义
9		钱学森在系统科学领域的贡献
10		解读贝塔朗菲《一般系统论》的理论观点和重要内容
11		举例并解读中国传统文化中的系统思想
12		举例说明系统的类型
13		系统要素的概念和定义
14		阐述产品系统的要素
15		分析系统和要素之间的关系
16		什么是系统的结构
17		子系统的概念和定义
18		列举飞机、汽车、智能家居等复杂系统的子系统
19		子系统和要素之间的差异
20		解读并举例说明系统的整体涌现性
21		如何理解系统的规模效应
22		如何理解系统的层次性
23		解读并举例说明系统的特征
24	第 3 章　产品系统及其发展	工业设计的定义及其发展
25		列举社会经济形态的类型
26		工业经济、服务经济、体验经济的概念和定义
27		服务设计的概念和定义
28		什么是"服务触点"，请举例说明
29		双钻设计模型的定义、设计阶段及流程
30		举例说明服务设计的关键要素

续表

序号	AI 伴学内容	AI 提示词
31	第3章 产品系统及其发展	举例说明服务设计应该遵循的设计原则
32		什么是产品服务系统
33		举例说明并分析三大类导向的产品服务系统
34	第4章 产品系统要素	产品的五个层次
35		产品功能要素
36		功能元的概念和定义
37		产品结构要素
38		产品系统设计时要考虑的 CMF 要素与 SET 要素的内容构成
39		产品设计时要考虑的人因要素有哪些
40		产品设计时要考虑的用户角色有哪些
41		产品设计时要考虑的环境要素有哪些
42		产品生命周期的概念和定义
43		什么是体验经济时代
44	第5章 系统设计思维	系统思维的定义和概念
45		系统设计思维定义和概念
46		关联思维、动态思维、场景思维的定义和概念
47		举例说明移情图的应用场景和作用
48		举例说明情绪版的应用场景和作用
49		用户体验地图的定义、要素和作用
50		服务蓝图的定义、要素和作用
51		服务系统图的定义、要素和作用
52		商业模式画布的定义、要素和作用
53	第6章 产品系统设计方法	系统方法论的概念和定义
54		还原论的思想和主张是什么
55		整体论的思想和主张是什么
56		霍尔系统工程方法的概念和定义
57		WSR 系统方法的概念和定义
58		举例说明甘特图法、雷达图分析法的应用场景和作用
59		什么是功能求索法，请举例说明其应用场景和作用
60		什么是重构整合法，请举例说明其应用场景和作用
61		关联产品群的概念和定义
62		产品整合的概念和定义
63		产品平台的概念和定义
64		产品模块化设计的定义、方法和程序
65		产品系列化设计的定义、方法和程序

参考文献

常奕嘉，2021. 基于霍尔三维结构的家居产品系统研究 [D]. 广州：华南理工大学.

德内拉·梅多斯，2012. 系统之美：决策者的系统思考 [M]. 邱昭良，译. 杭州：浙江人民出版社.

丁熊，刘删，2022. 产品服务系统设计 [M]. 北京：中国建筑工业出版社.

方晓风，2021. 写在前面 [J]. 装饰，（12）：1.

格哈拉杰达基，2014. 系统思维：复杂商业系统的设计之道（原书第3版）[M]. 王彪，姚瑶，刘宇峰，译. 北京：机械工业出版社.

杭间，2021. 系统性的涵义：万物皆"设计"[J]. 装饰，（12）：12-16.

胡恬恬，2019. 汽车租赁企业运营效率评价及影响因素研究 [D]. 重庆：重庆交通大学.

江子馨，季铁，2021. 基于购买行为的文创产品消费者画像构建研究 [J]. 包装工程，42（20）：218-224，251.

李奋强，2017. 产品系统设计 [M]. 北京：中国水利水电出版社.

李亦文，黄明富，刘锐，2019. CMF 设计教程 [M]. 北京：化学工业出版社.

梁颖，武润军，许迎春，等，2019. 设计师的系统思维 [M]. 北京：机械工业出版社.

刘斐，2015. 基于系统设计思维的老年产品设计方法研究 [J]. 包装工程，36（20）：88-91.

刘子建，徐倩倩，2017. 基于打散重构原理的文化创意产品设计方法 [J]. 包装工程，38（20）：156-162.

派恩，吉尔摩，2012. 体验经济：更新版 [M]. 毕崇毅，译. 北京：机械工业出版社.

汪晓春，2022. 产品系统设计 [M]. 北京：北京邮电大学出版社.

王国胜，2016. 触点：服务设计的全球语境 [M]. 北京：人民邮电出版社.

王萍，2021. 服务设计的缘起及其发展脉络综述 [J]. 设计，34（21）：106-109.

辛向阳，2015. 交互设计：从物理逻辑到行为逻辑 [J]. 装饰，（1）：58-62.

辛向阳，曹建中，2018. 定位服务设计 [J]. 包装工程，39（18）：43-49.

于晓艺，顾艺，2018. 共享电动汽车系统模式的通用设计研究 [J]. 设计，（23）：136-137.

袁晓芳，吴瑜，2016. 可持续背景下产品服务系统设计框架研究 [J]. 包装工程，37（16）：91-94.

赵颖，柳冠中，2019. 事理学在产品服务系统模式设计中的应用 [J]. 包装工程，40（2）：122-127.